高等学校规划教材

U0177572

树脂基复合材料实验指导书

蒋建军　主编

西北工业大学出版社

西　安

【内容简介】 本书分为 10 章,包括复合材料实验的基本知识、复合材料增强相的材料参数与性能测试、复合材料基体相的材料参数与性能测试、复合材料界面的参数与性能测试、复合材料成型工艺实验、复合材料基本参数及缺陷测定、复合材料化学性能测试、复合材料力学性能测试、复合材料仿真实验,以及先进复合材料设计、制造与回收综合实验。本书是《树脂基复合材料成型工艺与原理》(西北工业大学出版社,2022 年)的配套教材。

本书适用于高等学校复合材料、高分子专业的实验教学。

图书在版编目(CIP)数据

树脂基复合材料实验指导书 / 蒋建军主编. —西安:
西北工业大学出版社,2022.10
ISBN 978 - 7 - 5612 - 8454 - 4

Ⅰ.①树…　Ⅱ.①蒋…　Ⅲ.①树脂基复合材料-高等学校-教学参考资料　Ⅳ.①TB333.2

中国版本图书馆 CIP 数据核字(2022)第 184468 号

SHUZHIJI FUHE CAILIAO SHIYAN ZHIDAOSHU
树 脂 基 复 合 材 料 实 验 指 导 书
蒋建军　主编

责任编辑:王玉玲	**策划编辑**:杨　军	
责任校对:朱晓娟	**装帧设计**:李　飞	

出版发行：西北工业大学出版社

通信地址：西安市友谊西路 127 号　　　邮编：710072

电　　话：(029)88493844,88491757

网　　址：www.nwpup.com

印 刷 者：西安五星印刷有限公司

开　　本：787 mm×1 092 mm　　　1/16

印　　张：12

字　　数：306 千字

版　　次：2022 年 10 月第 1 版　　2022 年 10 月第 1 次印刷

书　　号：ISBN 978 - 7 - 5612 - 8454 - 4

定　　价：38.00 元

前　　言

　　复合材料是材料发展的必然趋势之一。先进的复合材料由于具有许多优势,例如高比强度和比模量,出色的设计性和良好的抗疲劳性,已被广泛用于航空航天、交通运输、建筑、机电、化学工业、体育器材等领域。然而,从设计和应用的角度看,复合材料仍有很多问题需要解决。例如:由于复合材料的原材料、组成、制造方法等具有多样性,所以性能分散性较大;影响复合材料性能的因素很多,有关性能的设计资料尚不完备;复合材料的各向异性导致产品的设计、计算和检验都存在很大的困难;等等。

　　因此,发展和建立复合材料实验技术体系,使原材料选择、性能设计、结构设计、工艺设计、试验检测五部分成为一个完整的总体显得尤为重要。目前国内很多重点院校均开设了"复合材料实验"教学课程,其不仅是提升材料类专业学生实践能力的一门课程,而且有助于培养复合材料未来专门人才的全面工作能力。本书以理论专业和工程专业认证理念为基础,在充分了解新工科背景对复合材料专门人才的需求以及应用型复合材料专业人才培养目标的前提下,由西北工业大学资深复合材料专业教师、实验员及相关行业专家和顾问共同编写的一本具有树脂基复合材料专业特色的实验类教材。

　　本书综述了复合材料实验技术基础、实验设计方法、实验误差与数据处理方法,着重提高学生的动手能力以及应用相关理论解释实验结果的能力。实验内容包括组成复合材料的单一材料性能,以及复合材料的设计、成型、性能等,介绍了原材料(增强相与基体相)的材料参数和性能测试技术、界面表征实验技术、主要成型工艺实验技术、复合材料产品性能检测技术和常规性能(力学性能、物理性能、化学性能等)测试技术等,让学生从结构、设计、制备以及性能四方面掌握影响复合材料性能的关键因素。此外,还创新性地增设了复合材料结构设计实验。这些综合实验都立足于工程实践,需要学生以项目的形式进行,由学生掌握实验进程,最终提供一份合格的总结报告或者写一篇小论文。

　　本书内容与飞行器零件成形技术、复合材料力学、复合材料结构分析与成型原理等教学课程密切配合,充分体现了理论与实践相结合的教学理念,同时增加了"实验结果分析与问题讨论"模块,培养学生根据文献、课本、网络等资源集中精力攻克某一问题的能力。本书内容真实可靠,每一个实验方法都参照了我国国家标准和其他专业标准中对应的实验方法。

　　本书由西北工业大学机电学院蒋建军教授团队共同编写,同时得到了西北工业大学出版社的大力支持。实验室人员的积极参与对提高实验项目的可操作性和合理性提供了有力保障。笔者在此对他们表示衷心感谢。

　　由于水平有限,书中难免有疏漏之处,敬请读者批评指正。

编　者

2021 年 10 月

目　　录

第1章 复合材料实验的基本知识

1.1 复合材料实验的意义与应用

复合材料具有优良的力学性能和可设计性,能够根据不同的服役需求进行有针对性的结构设计,现已成为大型军、民用飞行器的首选结构材料。复合材料在航空航天、车辆、机械等工程领域中的快速应用,要求飞行器、汽车、机械、材料等工科专业的高等学校毕业生能够熟练掌握复合材料结构设计的基础理论,熟知分析复合材料力学问题的基本思路,具有先进复合材料结构设计的创新能力。

复合材料是一门理论与实验相结合的学科。目前,国内大多高校的"复合材料"系列课程暂未开展相关的实验教学,而已开设的实验教学也大部分沿用了通用材料类课程的实验教学方案,将通用材料类实验教学的研究对象由传统金属改为复合材料。但与通用材料截然不同的是,复合材料并不满足连续性、均匀性、各向同性三个假设,其研究的难点在于复合材料的原材料、组成、制造方法的多样性使其性能难以稳定,表现为:材料性能分散性较大;影响复合材料性能的因素很多,有关性能的设计资料难以或几乎不可能十分完备;复合材料的各向异性使其在产品设计、性能计算及检验等方面都存在很大困难。

因此,发展和建立复合材料实验技术体系,不能简单地将通用材料类的实验方案直接应用于复合材料教学当中,应使原材料的选择、性能设计、结构设计、工艺设计、实验检测成为一个完整的整体。本书针对"复合材料"这门新兴学科的特点,改革实验教学方法,以复合材料基本假设为基础,以复合材料结构设计中的典型问题为导向,设计具有针对性的复合材料实验教学内容,并结合学生所在专业的特点,提供复合材料在专业领域的开放式专题作为拓展教学,实现教学过程中教师的主导作用与学生的主体作用的有机结合。

1.2 复合材料实验方法总则

本总则适用于本书中涉及的聚合物基复合材料的力学和物理性能的测定。

1. 机械加工法制备试样

(1)试样的取位区应距板材边缘(已切除工艺毛边)20~30 mm。若取位区有气泡、分层、树脂淤积、皱褶、翘曲、错误铺层等缺陷,则应避开。

(2)若取位区有其特殊性,需要在实验报告中注明。

（3）聚合物基复合材料为各向异性，故应按各向异性材料的两个主方向或预先规定的方向（如板的纵向和横向）切割试样，且应严格地保证纤维方向和铺层方向与实验要求相符。

（4）实验样条应采用硬质合金刀具或砂轮片等加工。加工时要防止试样产生分层、刻痕和局部挤压等机械损伤。

（5）加工试样时，采用水冷却（禁止用油）方法；加工后，应在适宜的条件下及时对试样进行干燥处理。

（6）对试样的成型表面尽量不要加工。如必须要加工，则一般对单面进行加工，并在实验报告中注明。

2. 试样筛选和数量要求

（1）实验前，试样需经外观检查，如有缺陷和不符合尺寸制备要求者，应予以作废。

（2）测试材料的性能时，每组试样应多于 5 个，也就意味着同批材料至少应该有 5 个有效样条。

3. 实验标准环境条件

标准环境条件：实验温度为 (23 ± 2)℃，相对湿度为 45% 或 55%。

注意：①实验前，将试样在实验标准环境条件下至少放置 24 h；②若不具备实验标准环境条件，实验前，试样可在干燥器内至少放置 24 h；③ 特殊状态调节条件按需要而定。

4. 试样测量精度

（1）试样尺寸小于或等于 10 mm 时，应精确到 0.02 mm；大于 10 mm 时，精确到 0.05 mm。

（2）试样其他测量精度应按有关实验方法中的规定执行。

5. 实验设备

（1）力学性能用实验设备应符合以下要求：①实验机载荷相对误差不得超过 ±1%；②机械式和油压式实验机使用吨位的选择应使试样施加载荷落在满载的 10%～90% 范围内（尽量落在满载的一边），且不得小于实验机最大吨位的 4%；③电子拉力实验机和伺服液压式实验机使用吨位的选择应参照该机的说明书；④测量变形的仪器、仪表的相对误差均不得超过 ±1%。

（2）测量物理性能所用实验设备应符合相关标准的规定。

6. 实验结果数据处理

（1）记录每个试样的性能值 $X_1, X_2, \cdots, X_n$，必要时应说明每个试样的破坏情况。

（2）算术平均值 $\bar{X}$ 计算到三位有效数字，公式如下：

$$\bar{X} = \frac{\sum\limits_{i=1}^{n} X_i}{n} \tag{1-1}$$

式中：X_i 为每个试样的性能值；n 为试样数。

(3)标准差 S 计算到两位有效数字,公式如下:

$$S = \sqrt{\frac{\sum_{i=1}^{n}(X_i - X)^2}{n-1}} \qquad (1-2)$$

(4)离散系数 C_V 计算到两位有效数字,公式如下:

$$C_V = \frac{S}{X} \qquad (1-3)$$

7. 实验报告

实验报告的内容包括以下全部或部分项目:①实验项目名称;②试样来源及制备情况,材料品种及规格;③试样编号、形状、尺寸、外观质量及数量;④实验温度、相对湿度及试样状态调节;⑤实验设备及仪器仪表的型号、量程及使用情况等;⑥实验结果给出每个试样的性能值(必要时,给出每个试样的破坏情况)、算术平均值、标准差及离散系数。若有要求,可参考《试验结果的统计解释——均值的估算和置信区间》(ISO 2602-1980)给出一定置信度的平均值置信区间。

1.3　复合材料实验室管理和实验方法的标准化对策

1. 人员管理标准化

针对目前实验室管理人员专业性不足、人员匮乏等问题,应积极引入管理人员,实行标准化管理。针对管理人员,要制定管理守则,明确岗位职责,定期检查安全措施,对于可能存在的实验安全隐患进行排除,对实验产生的废气、废物进行妥善处理;针对实验,也要制定指导守则,从而对实验人员的实验进行引导,实验人员上岗前应经过安全培训,保证安全;实验人员要严格遵循实验守则,按照规范使用和操作仪器,不得损坏仪器,保证实验安全进行。根据标准化的制度管理人员,不仅能够保证实验效果,还能够确保实验人员的安全。

2. 开放实验管理,加强学术交流

要实现高校教育实验室标准化和科学化管理,就需要为学生构建一个开放的教学实验室,让更多的学生接触到多样的学术成果,加强与其他实验者的交流,营造良好的科研氛围。教学实验室标准化管理,更多的是培养学生的创新意识,获得更多的创新成果,所以通过开放实验管理、加强学术交流既能为学生提供更为丰富的学术交流机会,还能不断学习其他学校的管理方法,提升管理能力。

3. 建立标准化实验方案,保证实验准确性

实验是检验选材、设计和工艺效果的手段。为了保证原材料质量和成型过程中的质量控制,使每一次检验结果可靠并具有信息资料交流的可信性,以及使同一性能实验数据具有可比性,有必要对实验方法建立统一的规范,包括实验方法总则、每一个具体实验要遵循的规定,以及某个实验的操作准备、实验步骤、结果计算等应遵守的规定。实验课训练严格按照国家实验标准进行,为将来在工作研究和生产实践中坚持实验标准化奠定基础。实际上,国家标准属于法规范畴,复合材料实验过程要严格按照相应的国家标准进行。

4.建立标准化教学实验室,防止安全事故

高校教学实验室是许多实验的聚集地,堆放了很多低值易耗品、化学或生物试剂,在实验的过程中会产生一定的危险,所以在进行实验和取试剂的过程中一定要遵循相关规定和标准。例如,对于危险的化学品可以制定以下标准:实验室不得存放大量危险的化学品,尽量随领随用,切记与其他试剂分开存放;剧毒、易燃易爆的化学品需要根据公安机关管理要求,采用领用登记制度,双人双锁管理,确保使用的安全性;实验室内一些大型和精密的仪器在使用过程中需要由管理人员进行记录,定期进行维护。建立一个标准化的教学实验室不仅能够保障学生安全进行实验,还能实现有效管理,进而提高学生的动手能力和创新能力。

1.4 规范化实验要求

(1)室内应保持整洁、安静、严肃,严禁吸烟,严禁携带食品饮料进入实验室,未经批准不得带无关人员进入实验室。

(2)首次进入实验室的人员应接受实验室安全教育,所有实验必须按照操作规程进行,实验中实验人员不得擅自离岗。

(3)实验室应认真贯彻执行《中华人民共和国安全生产法》《危险化学品安全管理条例》的相关要求,严格遵守学校制定的各项安全生产管理规章制度。

(4)对实验室内所有仪器、药品、水电、门锁、气体等要执行安全管理负责制。做好防火、防爆、防尘、防腐蚀和防盗工作。

(5)进行危险性较大的实验须向其他人员告知,做好详细周密的实验计划。非实验人员使用实验室须经实验室管理员批准,并做好登记。

(6)在教师指导下严格按仪器操作规程进行实验,如实记录实验数据。实验中注意人身安全,一旦出现异常情况要及时向指导教师报告。

(7)实验室发现安全隐患或发生事故时,实验室人员均有义务及时采取有效措施防止事态发展,尽量避免和减少损失,保护现场并协助组织调查处理。

(8)实验完毕,应将各种仪器开关旋回初始位置,认真填写仪器使用登记表,打扫室内卫生,教师检查合格后方可离去。

(9)实验室结束使用时,应关闭电源、水源、气源,熄灭火源,锁好门。长时间工作的设备、仪器,须保证使用安全。

(10)听从指导教师的安排,违反规定不听劝阻者,教师应酌情批评,直至停止其实验。

1.5　实验室安全操作细则

1. 环境安全

(1)实验室人员需要根据相关规定对废液进行分类规范处理,不得随意倒入通风橱水槽中,对废液及垃圾实施分类收集、定点存放、集中处理。

(2)盛装化学废液的容器应是专用收集容器,不得使用敞口容器存放化学废液,容器上应有清晰的标签,化学废液按照酸性、碱性和中性溶剂进行分类。

(3)存放废液处应有明显醒目的标识,定期申请废液回收。

(4)保持实验室仪器设备、设施及环境清洁卫生。设备器材摆放整齐,排列有序,保持走道畅通。

2. 化学药品及耗材使用安全与规范

(1)使用危险化学品的人员必须配备防护装备参与有关实验。

(2)对各种化学品应根据物质不同特性进行分类、分项存放。对存放的化学品要经常进行检查,及时排除安全隐患。

(3)各种压力气瓶应竖直放置,妥善保管,配备泄漏检测装置,严禁敲击和碰撞压力气瓶,外表漆色标志要保持完好。压力气瓶专气专用。

(4)压力气瓶使用时要防止外泄;瓶内气体不得用尽,必须留存有安全余压;使用完毕及时关闭总阀门。

3. 设备仪器使用安全与规范

(1)实验室设备仪器应有专人负责维护,保持良好的性能和准确的精度,并处于完善可用状态,确保仪器设备安全运行。

(2)使用设备仪器前应熟知安全操作规程,制定切实可行的实验方案,并做好各种准备工作。上机时严格按照使用规程进行操作,具有危险性的仪器开机后必须有人值守。用完仪器要将其恢复至使用前的状态并认真进行安全检查。真空管式炉、冷冻干燥机等具有一定危险性的设备须由专人进行操作。

(3)所有人员使用设备仪器后须在仪器设备运行使用记录本上进行登记,非本实验室人员借用设备仪器时须进行详细登记后方可使用,使用高温管式炉和冷冻干燥机等具有一定危险性的设备时还须提供详细的实验方案。

(4)通风橱使用实行专人专用负责制,个人实验的中间产物可以暂时放在自己的通风橱中。通风橱定期打扫,保持清洁。通风橱使用前须进行详细登记并提交完整的实验方案。

(5)实验室重要仪器设备的图纸、说明书等资料须按规定存放并妥善保管,借用时须登记并按时归还。

(6)对有故障的仪器设备要及时进行维修,仪器设备的维护和检修要有记录。

(7)对不遵守规定者,管理人员有权对其进行劝阻、纠错,或拒绝其继续使用。

第 2 章 复合材料增强相的材料参数与性能测试

2.1 复合材料纤维增强相材料参数测定

实验 1 织物宽幅、厚度、面密度的测定

1. 实验目的和原理

1)目的

掌握测定碳纤维织物或其他纤维织物宽幅、厚度和单位面积质量的方法。

2)原理

(1)织物宽幅可针对整卷织物用测量尺沿着长度方向测量得到。

(2)织物厚度可在一个规整的织物平面上用测厚仪直接测量得到。

(3)测量织物的单位面积质量(面密度)时需剪取 100 mm×100 mm 的织物,并称量其质量 m,质量与面积的比值为其单位面积质量。

在一定条件下测定织物宽幅、厚度、单位面积质量有利于了解由经、纬纱松紧不匀或原纱支数不稳定而造成的材料性能波动。因此,这三个物理量常是玻璃纤维织物技术指标中的主要项目。

2. 测试参考

《增强材料机织物实验方法 第 1 部分:厚度的测定》(GB/T 7689.1—2013)、《增强材料机织物实验方法 第 3 部分:宽度和长度的测定》(GB/T 7689.1—2016)、《增强制品实验方法 第 3 部分:单位面积质量的测定》(GB/T 9914.3—2013)。

3. 实验条件

织物宽幅、厚度、单位面积质量的测定实验开始前需如实填写实验记录,主要将实验时间、实验操作人员及实验条件填写在表 1-1 中。数显螺旋测微器如图 1-1 所示,分析天平如图 1-2 所示。

表 1-1　织物宽幅、厚度、面密度的测定实验记录表

实验时间	
实验内容	织物宽幅、厚度、单位面积质量的测定
实验环境	温度：　　℃；湿度：　　%
实验仪器及设备：	测量尺、数显螺旋测微器、分析天平、干燥箱、干燥器、剪刀
实验所需材料	待测型号的增强体材料
实验操作人	

图 1-1　数显螺旋测微器

图 1-2　分析天平

4. 实验步骤

(1)取一卷玻璃纤维织物，在平整桌面上展开，自然铺平，不要拉得过紧或过松。

(2)在距织物边缘不小于 50 mm 处，用测量圆柱（直径为 16 mm）夹住织物表面，并施加 98 kPa 的压力，同时读取织物厚度值，精确到 0.02 mm；继续在同一卷织物上选择间隔为 10 mm 以上的位置处测量 10~20 个厚度值。

(3)在自然铺平的织物上距边缘不小于 50 mm 处用 100 mm×100 mm 硬质正方形模板和锐利小刀切取织物，然后在分析天平上称量切取试样的质量，计算其单位面积质量（g/m²）；继续在同一卷织物上间隔 100 mm 以上的位置取样测量，样品数不少于 5 个。

(4)计算织物的平均厚度、平均单位面积质量以及它们各自的标准差和离散系数。

5. 注意事项

(1)织物宽幅测量时需用测量尺沿着织物整卷长度方向至少间隔 100 cm 做多次测试。

(2)织物厚度测量时在整个宽度织物上的等间隔处测试 10 点，各点间隔不得小于 75 mm。测量点距布卷的始端或终端不得小于 300 mm，距布边不得小于 50 mm。

(3)单位面积质量实验取样时应离开织边至少 5 cm，裁取的试样面积误差应小于 1%，织物质量容许误差为 1 mg。

6. 实验结果

(1)将测得的织物宽幅、厚度、织物面积以及织物质量记录在表 1-2 中。

（2）计算并记录织物厚度和单位面积质量的算术平均值、标准差和离散系数。

表 1 – 2　数据记录及计算表

试样名称：_____

序号	宽幅/mm	厚度/mm	织物面积/mn²	织物质量/g	单位面积质量/ (g·mm⁻²)	备注
1						
2						
3						
4						
5						
6						
7						
8						
9						
10						
平均值			—	—		
标准差			—	—		
离散系数			—	—		

7. 实验结果分析与问题讨论

已知 T300 3K 的碳纤维线密度为 0.198 g/m，欲制作碳纤维含量为 60 g/m² 的单向布，3K 碳纤维的排列密度是多少（单位为根/cm）？

实验 2　干纤维织物面内渗透率的测定

1. 实验目的和原理

1）目的

（1）了解面内渗透率的影响及意义。

（2）掌握干纤维织物面内渗透率的测定方法。

2）原理

在实验过程中，合模后纤维织物总厚度的控制通过在上、下模具之间垫不同规格的塞尺实现，通过调节压力调节阀得到不同的注射压力。空气压缩机可以为渗透率的测量提供 0.1～0.2 MPa 的注射压力，通过拍摄和记录不同时刻流动前沿位置来计算纤维织物的面内渗透率，实现不同压力下不同厚度纤维织物面内渗透率的测量。

根据所测纤维织物的介质结构特征，选取不同的公式计算纤维织物面内渗透率，分为以下两种情况：

(1)各向同性多孔介质。各向同性多孔介质的流动前沿为圆形,渗透率在各个方向相同。通过作图表示时刻(t)与流动前沿的位置(F)间的关系,得到一条通过原点的直线,即在二维平面坐标系中 $F-t$ 直线必过原点。由直线斜率可计算出渗透率 K。

$$F = \left(\frac{R_e}{R_0}\right)^2 \left[2\ln\left(\frac{R_e}{R_0}\right) - 1\right] + 1 = \frac{4(p_0 - p_e)}{\phi\mu R_0^2}Kt \tag{2-1}$$

式中:p_0 为注口压力;R_0 为注口半径;p_e 为流动前沿的压力;R_e 为流动前沿的半径;ϕ 为孔隙率;μ 为液体的黏度;K 为渗透率。

(2)各向异性多孔介质。各向异性多孔介质的流动前沿为椭圆形,渗透率张量坐标系主轴与材料坐标系轴之间存在一定夹角 θ,结合面内主渗透率 K_x 和 K_y 值,即可计算各向异性多孔介质面内渗透率张量:

$$K_x = \frac{\mu\phi}{4\Delta pt}\left\{x_t^2\left[2\ln\left(\frac{x_t}{R_0}\right) - 1\right] + R_0^2\right\} \tag{2-2}$$

$$K_y = \frac{\mu\phi}{4\Delta pt}\left\{y_t^2\left[2\ln\left(\frac{y_t}{R_0}\right) - 1\right] + R_0^2\right\} \tag{2-3}$$

式中:Δp 为注口与流动前沿之间的压力差;R_0 为注口半径;ϕ 为孔隙率;μ 为液体的黏度;x_t 为 t 时刻树脂流动前沿在 x 方向与注口的距离;y_t 为 t 时刻树脂流动前沿在 y 方向与注口的距离;K_x,K_y 为面内渗透率。

令

$$G_x = \frac{\mu\phi}{4\Delta p}\left\{x_t^2\left[2\ln\left(\frac{x_t}{R_0}\right) - 1\right] + R_0^2\right\}$$

$$G_y = \frac{\mu\phi}{4\Delta p}\left\{y_t^2\left[2\ln\left(\frac{y_t}{R_0}\right) - 1\right] + R_0^2\right\}$$

通过拍摄和记录不同时间下流动前沿位置 x_t,y_t,就可分别计算 G_x,G_y,并对时间 t 作图,所作直线的斜率即为面内渗透率 K_x,K_y。

2. 测试参考

专利"一种纤维织物面内渗透率的测量方法及测量系统"(蒋建军、苏洋、陈星、邓国力、高新宇、徐楚朦,CN106872333A,2017-06-20)。

3. 实验条件

干纤维织物面内渗透率的测定实验开始前需如实填写实验记录,主要将实验时间、实验操作人员及实验条件填写在表 2-1 中。测量装置如图 2-1 所示。

表 2-1　干纤维织物面内渗透率的测定实验记录表

实验时间	
实验内容	干纤维织物面内渗透率的测定
实验环境	温度:　　℃;湿度:　　%
实验仪器及设备	空气压缩机、压力调节阀、储液罐、阀门、压力表、相机、下模具、上模具、金属加强框、螺栓、塞尺
实验所需材料	待测渗透率的增强体织物
实验操作人	

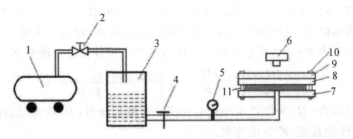

1—空气压缩机；2—压力调节阀；3—储液罐；4—阀门；5—压力表；6—相机；
7—下模具；8—上模具；9—金属加强框；10—螺栓；11—塞尺

图 2-1 干纤维织物面内渗透率测量装置示意图

4. 实验步骤

(1) 用丙酮将模具表面擦拭干净，晾干，将纤维织物铺放在下模具上，盖上上模具和金属加强框。

(2) 在金属加强框上放置相互垂直的标尺，记录不同时刻流动前沿的位置，通过在上、下模具间同规格的塞尺实现纤维织物厚度控制。

(3) 打开空气压缩机和阀门，向模具内注入液体，使模具型腔内的液体浸润纤维织物，当液体流动前沿接近模腔边缘时关闭阀门。

(4) 通过拍摄和记录不同时刻流动前沿位置，并根据所测纤维织物的介质结构特征，分别按式 (2-2) 和式 (2-3) 计算得到纤维织物面内渗透率。

(5) 重复步骤 (1)~(4)，再做 4 组平行实验。

(6) 通过压力调节阀调节注射压力，然后再重复步骤 (1)~(5)，得到不同压力下织物的渗透率。

5. 注意事项

(1) 上模具为透明板，便于相机记录纤维织物充模过程。

(2) 金属加强框上设有两个刻度尺，且两个刻度尺相互垂直放置。

(3) 相机在上模具上方拍摄，要求能够拍摄到全部纤维织物面。

(4) 下模具为金属模，尺寸为 380 mm×380 mm×25 mm，内部模腔尺寸为 380 mm×380 mm×2 mm，注口半径为 5 mm，模腔深度调节采用不锈钢塞尺作为调整垫片，单片塞尺的最小规格为 0.02 mm，最大为 1 mm。

(5) 始终保持恒定的压力将流体注入预成型体内比较困难，需要利用压力表控制好注射压力的大小，保证注射压力的恒定。

(6) 纤维的厚度对纤维渗透率有着直接的影响，需要控制预成型体的厚度以及铺贴方式等。

(7) 除去前段有气泡段，树脂在预成型体内流动时应及时记录流动前沿的位置，以便之后的渗透率计算。

(8) 计算时要注意单位换算。

6. 实验结果

(1) 计算并记录织物厚度和单位面积质量的算术平均值、标准差和离散系数。将测得的注口压力、注口半径、流动前沿压力以及流动前沿半径记录在表 2-2 中。

（2）计算并记录两次织物面内渗透率算术平均值、标准差和离散系数。

表 2-2 数据记录及计算表

试样名称：_____

序号	注口压力/MPa	注口半径/mm	流动前沿压力/MPa	流动前沿半径/mm	渗透率/mm^2	备注
1						
2						
3						
4						
5						
平均值	—					
标准差	—					
离散系数	—					
6						
7						
8						
9						
10						
平均值	—	—	—	—		
标准差	—	—	—	—		
离散系数	—	—	—	—		

7. 实验结果分析与问题讨论

（1）用丙酮将模具表面擦拭干净的目的是什么？

（2）金属加强框的作用是什么？

实验 3 干纤维织物厚向渗透率的测定

1. 实验目的和原理

1）目的

（1）了解厚向渗透率的影响及意义。

（2）掌握干纤维织物厚向渗透率的测定方法。

2）原理

对于以薄壁板壳为主的复合材料结构,采用树脂传递模塑(Resin Transfer Molding,RTM)工艺时,可以只考虑纤维织物的面内渗透率,然而对于厚度较大的复合材料构件,树脂将沿三个方向流动,尤其在树脂膜渗透成型(Resin Film Infusion,RFI)工艺中,树脂主要是沿纤维织物铺层法向渗透。纤维铺层法向液体的渗透和液体在纤维铺层平面内的渗透是不同的,平面内液体主要是在纤维束间或者纤维束内渗透,而纤维铺层法向液体是在纤维织物的空隙间流动。因此,研究纤维织物铺层法向渗透特性及其渗透率测量技术是非常必要的。

通过天平称量 t 时间内从筒形罐出口流出的液体的质量 m,求解纤维织物厚向稳态渗透率:

$$K = \frac{m\mu L}{\rho t S P_0} \tag{3-1}$$

式中:L 为纤维织物厚度;S 为液体流经横截面面积;P_0 为树脂注射压力;μ 为树脂黏度。

2. 测试参考

专利"一种纤维织物厚向稳态渗透率的测量方法及测量系统"(蒋建军,苏洋,周林超,郭强,徐楚朦,姚旭明,CN105954169A,2016-09-21)。

3. 实验条件

干纤维织物厚向渗透率的测定实验开始前需如实填写实验记录,主要将实验时间、实验操作人员及实验条件填写在表3-1中。干维织物厚向稳态渗透率的测量装置如图3-1所示。

表3-1　干纤维织物厚向渗透率的测定实验记录表

实验时间	
实验内容	干纤维织物厚向渗透率的测定
实验环境	温度:　　℃;湿度:　　%
实验仪器及设备	空气压缩机、压力调节阀、储液罐、阀门、压力表、模具、天平、相机、厚度调节垫块、调节螺母、外部金属框架、塑料管、纤维织物、筒形罐、多孔筛板、活塞杆
实验所需材料	
实验操作人	

4. 实验步骤

(1)将模具表面擦拭干净,晾干,然后用两块多孔筛板夹住被测纤维织物后一并置于筒形罐内,并使得出液口管路位于多孔筛板的上端,采用活塞杆上垫厚度调节垫块调节螺母控制纤维织物厚度。

(2)打开空气压缩机,将阀门打开,通过模具下端的进液口向筒形罐内注入液体,液体穿过多孔筛板浸润纤维织物,当筒形罐的出液口管路有液体流出时,认为液体完全浸润纤维织物。

$$C = \frac{T_c}{T_0} \times 100\% = \frac{T_0 - T_m}{T_0} \times 100\% \qquad\qquad (4-1)$$

$$R = \frac{T_{cr}}{T_c} \times 100\% = \frac{T_r - T_m}{T_0 - T_m} \times 100\% \qquad\qquad (4-2)$$

式中:C 为压缩率;R 为压缩弹性率;T_0 为轻压厚度;T_m 为重压厚度;T_r 为恢复厚度;T_c 为压缩变形量;T_{cr} 为变形恢复量。

2. 测试参考

《纺织品压缩性能的测定　第1部分:恒定法》(GB/T 2442.1—2009)。

3. 实验条件

干纤维织物压缩性能测定实验开始前需如实填写实验记录,主要将实验时间、实验操作人员及实验条件填写在表4-1中。

表4-1　干纤维织物厚向渗透率的测定实验记录表

实验时间	
实验内容	织物压缩性能测试
实验环境	温度:　　℃;湿度:　　%
实验仪器及设备	压脚、参考板、集样器、位移测定系统、压力测定系统、压力恒定系统
实验所需材料	待测干纤维织物
实验操作人	

4. 实验步骤

1)试样准备

(1)取 50~100 g 的实验样品。

(2)实验时测定部位应在距布边 150 mm 以上区域内均匀排布,各测定点均布在相同的纵向和横向位置上,且应避开影响实验结果的疵点和褶皱。应按表4-2裁取足够数量的试样,裁样要求按上述规定,试样面积不小于压脚尺寸。

(3)充分开松后铺放成均匀的絮片,厚度为 30~50 mm,面积不小于压脚尺寸,试样应不含硬结、杂物等,处理中尽量不要损伤纤维;如不能按要求铺放或因考核需要,也可将开松后的试样放入集样器,用约 0.2 kPa 的压力压放 3~5 次,集样器内试样总高约 50 mm。

2)压缩性能测试

(1)按表4-2设定主要参数。

表4-2　实验主要参数

样品类型	加压压力/kPa		加压时间/s		恢复时间/s	压脚面积/cm²	速度/(mm·min⁻¹)	实验次数
	轻压	重压	轻压	重压				
普通	1					100,50, 20,10, 5,2	1~5	不少于5次
非织造布	0.5	30,50	10	60, 180, 300	60, 180, 300			
毛绒梳软	0.1							
蓬松	0.02	1.5				200,100	4~12	

注:参数列有多个规定值的按排列顺序选用,其中恢复时间不少于重压时间,并以二者相等为优先。

（2）清洁压脚和参考板，将集样器放在参考板相应位置上，驱使压脚以规定压力压在参考板上并将位移清零，而后使压脚升至距试样表面 1～5 mm 的位置。

（3）启动仪器，压脚逐渐对试样加压，压力达到设定轻压力时保持恒定，规定时间时记录轻压厚度 T_0。

（4）继续对试样加压，压力达到设定重压力时保持恒定，规定时间后记录重压厚度 T_m。

（5）重压保持规定时间后提升压脚卸除压力，试样恢复规定时间（压脚提升及返回的过程包括在内）后，再次测定轻压下的厚度（即恢复厚度 T_r），然后使压脚回至初始位置。

（6）移动试样位置或更换另一试样，重复步骤（3）～（6），直至测完所有试样。

5. 注意事项

（1）压脚及参考板表面应平整并相互平行，平行度小于 0.2%；

（2）压脚应与参考板中心轴线重合，且压脚可沿参考板轴线方向匀速移动，速度可调范围为 0.5～12 mm/min。

（3）压力测定系统，压力范围至少为 0.02～100 kPa，示值误差为 ±1%。

6. 实验结果

（1）将轻压厚度、重压厚度、恢复厚度记录到表 4-3 中。

（2）分别计算试样压缩率、压缩弹性率的算术平均值、标准差和离散系数。

表 4-3　数据记录及计算表

试样名称：_____

序号	轻压厚度/mm	重压厚度/mm	恢复厚度/mm	压缩变形量/mm	变形回复量/mm	压缩率/(%)	压缩弹性率/(%)	备注
1								
2								
3								
4								
5								
6								
7								
8								
9								
10								
平均值								
标准差								
离散系数								

7. 实验结果分析与问题讨论

轻压压力和重压压力差距过小,会对实验结果产生什么影响?

2.2　复合材料纤维增强相性能测试

实验 5　纤维单丝强度和弹性模量的测定

1. 实验目的和原理

1) 目的

(1) 了解单丝强力测试仪的工作原理和基本操作方法。

(2) 掌握单丝强度和弹性模量的测定方法。

2) 原理

与材料力学实验的试样相比,单丝试样的尺寸较小,因此,其测试设备也较小,但两者的拉伸过程极为相似,计算拉伸强度和弹性模量的方法也相似。

在拉伸实验中,从开始拉伸到拉伸结束过程中试样所受的最大拉伸应力为拉伸强度。

材料在弹性变形阶段,其应力和应变成正比,即符合胡克定律,此比例系数为材料的弹性模量 E。单丝拉伸强度 σ_b 计算公式为

$$\sigma_b = \frac{4D}{\pi d^2} \tag{5-1}$$

式中:D 为断裂载荷(N);d 为单丝直径(mm)。

弹性模量 E 的计算公式为

$$E = \frac{\sigma_a}{\varepsilon_a} = \frac{\frac{4P}{\pi d^2}}{\Delta L / L_0} = \frac{4P L_0}{\pi d^2 \Delta L} \tag{5-2}$$

式中:σ_a 和 ε_a 分别为单丝弹性变形阶段结束时 a 点的应力和应变;P 为该点的载荷(N);L_0 为拉伸前单丝的伸直长度(mm);L_a 为单丝弹性变形阶段结束时,a 点的长度(mm);$\Delta L = L_a - L_0$,为该点单丝的伸长量(mm)。

2. 测试参考

《碳纤维单位拉伸性能的测试》(GB/T 31290—2014)。

3. 实验条件

纤维单丝强度和弹性模量的测定实验开始前需如实填写实验记录,主要将实验时间、实验操作人员及实验条件填写在表 5-1 中。

表 5-1　纤维单丝强度和弹性模量的测定实验记录表

实验时间	
实验内容	纤维单丝强度和弹性模量的测定
实验环境	温度:　　℃;湿度:　　%
实验仪器及设备	单丝强力仪、带微米刻度的显微镜或杠杆千分尺、秒表、镊子(单丝强力仪参数:负荷量程为 $0\sim0.98$ N;最小伸长读数为 0.01 mm;下夹持器下降速度为 $2\sim60$ mm/min,有级变速 11 挡;最大行程为 100 mm;最小负荷感应量为 10^{-4} N;走纸速度误差不大于 1%;工业电源电压为 220 V,频率为 50 Hz)
实验所需材料	待测纤维丝
实验操作人	

4. 实验步骤

(1)将单丝强力仪的主机、控制器和记录仪用 19 芯和 5 芯连线连接,通电预热 30 min。

(2)检查强力仪的"上升"和"下降"开关工作是否正常,夹持器运动是否正常。用 100 g 砝码调满负荷(0.98 N),然后去砝码将负荷调零,再用 50 g 砝码校验负荷显示数值是否为中间值(0.49 N)。如有误差可反复调零和调满,同时调好记录仪纵向零位和满格位。

(3)将纤维单丝放在显微镜物台上测量单丝的直径,或用杠杆千分表测 d 值。

(4)将拉伸速度设置为 2 mm/min。

(5)按图 5-1 将单根碳纤维或玻璃纤维放在纸框中位粘好。至少选择 10 个试样,并编号。

(6)依编号将纸框夹在主机上夹头处,慢慢上升下夹持器,使之正好夹住纸框下端。小心地剪断纸框两边,记录上、下夹持器的距离 L_0。

(7)放下记录笔和走纸阀,同时按下"下降"按钮进行拉伸。用秒表校核记录仪的走纸速度,一般要求在 20 s 之内将纤维拉断。数码管自动显示最大负荷数和断裂伸长值。记录仪记录负荷-伸长曲线。

(8)依编号拉伸单丝,并记录每根单丝的直径、拉伸前单丝的伸直长度、断裂载荷、弹性变形阶段某点的载荷以及该点的拉伸长度。

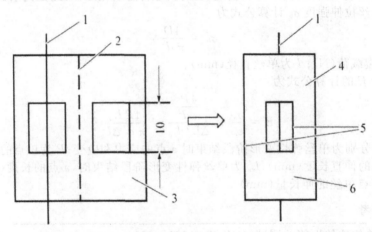

1—单丝;2—折叠处;3—纸框;4—上夹头夹处;5—剪短处;6—下夹头夹处

图 5-1　单丝试样制作纸框图

5. 注意事项

(1)准备不同狭槽长度的试样衬,以制备不同长度的试样,这些试样应该由相同的材料制成。

(2)小心地将单丝粘贴到试样衬上,应该确保试样的标距长度偏差不超过 ±0.5 mm。

6. 实验结果

(1)将每根单丝的直径、起始长度、断裂载荷、弹性变形阶段载荷以及该点的拉伸长度记录在表 5-2 中。

(2)依据式(5-1)和式(5-2)计算单丝拉伸强度 σ_b 和弹性模量 E。

（3）计算单丝拉伸强度和弹性模量的算术平均值、标准差和离散系数，并记录在表 5－2 中。

表 5－2　数据记录及计算表

试样名称：＿＿＿＿＿＿

序号	直径/ mm	断裂载荷 D/N	a 点载荷 P/N	起始长度 L_0/mm	a 点长度 L_a/mm	拉伸强度/ (N·mm^{-2})	弹性模量/ (N·mm^{-2})	备注
1								
2								
3								
4								
5								
6								
7								
8								
9								
10								
平均值								
标准差								
离散系数								

7. 实验结果分析与问题讨论

拉伸实验前、后测量单丝直径有何差别？

实验 6　丝束（复丝）表观强度和表观模量的测定

1. 实验目的和原理

1）目的

（1）了解万能试验机的使用方法。

（2）掌握丝束表观强度和表观模量的测定方法。

2）原理

丝束（复丝）是一个多元体，如果直接加载拉伸，则丝束中的纤维断裂参差不齐，不容易表征其强度和模量。因此，需要将丝浸上树脂，让其黏结为一个整体，再测试其表观强度和表观模量。纤维和树脂掺杂组成的整体不是一个均匀体，该测试仅能说明丝束的基本性能。

按下式分别计算丝束的表观强度 σ_t、表观模量 E_a 和股强度 f：

$$\sigma_t = \frac{D}{A} = \frac{D\rho}{t} \tag{6-1}$$

$$E_a = \frac{P}{A} \cdot \frac{L_0}{\Delta L} \tag{6-2}$$

$$f = \frac{D}{n} \tag{6-3}$$

式中：D 为断裂载荷（N）；ρ 为纤维线密度（玻璃纤维和碳纤维的线密度分别为 2.55g/cm^3 和 1.87g/cm^3）；t 为丝束的线密度（g/mm 或 g/m），$t = m/L$，L 为丝束长度，m 为丝束质量；A 为丝束的横截面积（mm^2），$A = t/\rho$；L_0 为测试规定的标距（mm）；P 为弹性变形结束时的载荷值（N）；L_a 为该点丝束拉伸后的长度（mm）；ΔL 为该点丝束的伸长量（mm），$\Delta L = L_a - L_0$；n 为丝束中所含纱的股数。

2. 测试参考

《硬质泡沫塑料弯曲性能的测定　第 2 部分：弯曲强度和表现弯曲弹性模量的测定》（GB/T 8812.2—2007）。

3. 实验条件

丝束（复丝）表观强度和表观模量的测定实验开始前需如实填写实验记录，主要将实验时间、实验操作人员及实验条件填写在表 6-1 中。

表 6-1　干纤维织物厚向渗透率的测定实验记录表

实验时间	
实验内容	丝束（复丝）表观强度和表观模量的测定
实验环境	温度：　　℃；湿度：　　%
实验仪器及设备	万能试验机、牛皮纸、环氧树脂及固化剂
实验所需材料	待测纤维丝束
实验操作人	

4. 实验步骤

1）丝束试样准备

选定已知支数和股数的玻璃纤维或碳纤维，使之浸渍于常温固化的环氧树脂和固化剂的混合物（如 E-51 型环氧树脂 100 g、丙酮 20 g、二乙烯三胺 10 g）中。然后将已浸树脂的丝束剪成长度为 360 mm 左右的试样（共 10 根），并排放在脱膜纸上，保证丝束有 200 mm 长的平直段，用夹子夹住丝束两头，并拴一小重物使丝束伸直，在两头粘上牛皮纸（30 mm）加强（见图 6-1），放置 8 h 固化定形。

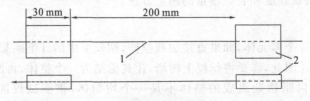

1—纤维束；2—脱膜纸

图 6-1　纤维束拉伸试验试样

2)丝束基本物理性质的测定

(1)用万分之一电子天平称量丝束的质量 m,用千分尺测量丝束的伸直长度 L_0。

(2)将万能试验机的量程设为 $0 \sim 500$ N,拉伸速度设为 2 mm/min。

(3)将试样上的牛皮纸加强部位夹在试验机的上、下夹头处。取规定的标距(标距长度视仪器配置的应变片卡而定),精确到 0.5 mm。用应变片卡或位移计和记录仪记录拉伸时的伸长量。

(4)记录每个样品的断裂载荷 D 和负荷变形曲线。注意断裂在夹头处的样品应作废,有效试样数不能低于 5 个。

(5)依编号拉伸,记录每个丝束的直径、原始长度、断裂载荷、弹性变形阶段结束时 a 点丝束所承受的载荷和丝束此时的长度。

(6)学生可以测定一组不浸胶丝束的强度,观察对比断裂模式的不同。

5.注意事项

(1)标准实验条件为温度(23 ± 2)℃和相对湿度(50 ± 5)%,或者(27 ± 2)℃和相对湿度(65 ± 10)%。

(2)每组样品至少 5 个。当怀疑实验材料具有各向异性时,应制备两组试样,其轴线分别平行和垂直于泡孔伸长的方向。

(3)当试样有一面带皮时,除另有规定,应测试验两组试样,一组使表皮处于拉伸状态,另一组使表皮处于压缩状态,分别报告实验结果。

6.实验结果

(1)将测得的丝束的质量、丝束直径、原始长度、断裂载荷、a 点载荷以及 a 点变形量等数据记录在表 6-2 中。

(2)依据式(6-1)~式(6-3)计算丝束的表观强度、表观模量以及股强度。

(3)计算丝束表观强度、表观模量以及股强度的算术平均值、标准差和离散系数。

表 6-2　数据记录及计算表

试样名称:＿＿＿＿＿＿　　　固化剂:＿＿＿＿＿＿　　　试验机:＿＿＿＿＿＿

序号	丝束直径 mm	原始长度 mm	丝束质量 g	断裂载荷 N	a 点载荷 N	a 点长度 mm	线密度 $g \cdot mm^{-1}$	表观强度 $N \cdot mm^{-2}$	表观模量 $N \cdot mm^{-2}$	股强度 N	备注
1											
2											
3											
4											
5											
6											
7											
8											

续表

序号	丝束直径 mm	原始长度 mm	丝束质量 g	断裂载荷 N	a点载荷 N	a点长度 mm	线密度 g·mm^{-1}	表观强度 N·mm^{-2}	表观模量 N·mm^{-2}	股强度 N	备注
9											
10											
平均值											
标准差											
离散系数											

7. 实验结果分析与问题讨论

(1)分析丝束表观强度与单丝强度的区别,并用实验数据予以说明。

(2)丝束浸胶和不浸胶在拉伸实验中有什么不同现象?对数据分散性有何影响?

实验 7　纤维织物拉伸断裂强力和断裂伸长率的测定

1. 实验目的和原理

1)目的

掌握织物拉伸断裂强力和断裂伸长率的测定方法。

2)原理

用拉伸实验机将织物样条拉伸至断裂,记录所需物理量。初始有效长度为在规定的预张力下两夹具起始位置钳口之间的试样长度。断裂强力为拉伸试样至断裂时施加到试样上的最大载荷。断裂伸长率为织物受外力作用拉至断裂时,拉伸前后的织物长度变化与拉伸前织物长度的比值,通常以百分数表示,断裂伸长的长度可直接在仪器上读出,也可通过自动记录的力值伸长曲线得出。

本实验规定了两种不同类型的试样:

Ⅰ型试样适用于硬挺织物(如线密度不小于 300 tex 的粗纱织成的网格布,或经处理剂/硬化剂处理的织物)。

Ⅱ型试样适用于较柔软的织物,以便于操作,减少实验误差。

2. 测试参考

《纺织品卷装纱单根纱线断裂强力和断裂伸长率的测定(CRE 法)》(GB/T 3916—2013)。

3. 实验条件

纤维织物拉伸断裂强力和断裂伸长率的测定实验开始前需如实填写实验记录,主要将实验时间、实验操作人员及实验条件填写在表 7-1 中。

表 7 - 1　纤维织物拉伸断裂强力和断裂伸长率的测定实验记录表

实验时间	
实验内容	纤维织物拉伸断裂强力和断裂伸长率的测定
实验环境	温度：　　℃；湿度：　　%
实验仪器及设备	拉伸试验机、夹具、测力及记录伸长装置、取样模板、剪裁刀等
实验所需材料	待测纤维织物
实验操作人	

4. 实验步骤

1) 试样调湿

将试样放置在温度为 (23 ± 2)℃、相对湿度为 (50 ± 10)% 的标准环境下调湿 16 h。

2) 试样准备

(1) 试样选取。去除待测布卷最外层（至少 1 m），裁取长约 1 m 的布段为实验室样本。Ⅰ 型试样和 Ⅱ 型试样的尺寸要求及实验时拉伸速度见表 7 - 2。对于 Ⅰ 型试样，试样长度应为 350 mm，确保试样的有效长度为 (200 ± 2)mm。试样去除毛边（试样的拆边部分）后宽度应为 50 mm。对于 Ⅱ 型试样，试样长度应为 250 mm，确保试样的有效长度为 (100 ± 1) mm。试样去除毛边后宽度应为 25 mm。

表 7 - 2　试样和实验参数

实验参数	试　　样	
	Ⅰ 型	Ⅱ 型
试样长度/mm	350	250
未拆边试样宽度/mm	65	40
有效长度/mm	200	100
拆边试样宽度/mm	50	25
拉伸速度/(mm·min^{-1})	100	50

当织物的经、纬密度非常小（<3 根/cm）时，Ⅰ 型试样的宽度可大于 50 mm，Ⅱ 型试样的宽度可大于 25 mm。

(2) 试样预处理。为防止试样端部被试验机夹具损坏，有必要对试样进行特殊处理，处理步骤如下：

a. 裁取一片硬纸或纸板，其尺寸应大于或等于模板尺寸。

b. 将织物完全平铺在硬纸或纸板上，确保经纱和纬纱笔直无弯曲并相互垂直。

c. 将模板放在织物上，并使整个模板处于硬纸或纸板上，用裁切工具沿模板的外边缘同时切取一片织物和硬纸或纸板作为过渡试样。对于经向试样，模板上有效长度的边应平行于经纱；对于纬向试样，模板上有效长度的边应平行于纬纱。

d. 用软铅笔沿模板上两个槽口的内侧边画线，移开模板。画线时注意不要触碰纱线。

e.在织物两端长度各为75 mm的端部区域涂覆合适的胶黏剂,使织物的两端与背衬的硬纸或纸板粘在一起,中间两条铅笔线之间的部分不涂覆。可使用天然橡胶或氯丁橡胶溶液、聚甲基丙烯酸丁酯的二甲苯溶液、聚甲基丙烯酸甲酯的二乙酮或甲乙酮溶液、环氧树脂(尤其适用于高强度材料)涂覆试样的端部。也可采用如下方法涂覆试样:将样品端部夹在两片聚乙烯醇缩丁醛片之间,留出样品的中间部分,然后再在两片聚乙烯醇缩丁醛片表面铺上硬纸或纸板,并用电熨斗将聚乙烯醇缩丁醛片熨软,使其渗入织物。

f.过渡试样烘干后,将其沿垂直于两条铅笔线的方向裁切成试样。Ⅰ型试样宽度为65 mm,制成尺寸为350 mm×60 mm;Ⅱ型试样宽度为40 mm,制成尺寸为250 mm×40 mm。每个试样包括长度为200 mm(Ⅰ型试样)或100 mm(Ⅱ型试样)无涂覆部分以及两端各为75 mm的涂覆部分。

g.细心地拆去试样两边的纵向纱线,两边拆去的纱线根数应大致相同,直到试样宽度符合要求为止。

3)拉伸实验过程

(1)调整夹具间距。Ⅰ型试样的间距为(200±2)mm,Ⅱ型试样的间距为(100±1)mm。确保夹具相互对准并平行,使试样的纵轴贯穿两个夹具前边缘的中点,夹紧其中一个夹具。在夹紧另一夹具前,从试样的中间或与试样纵轴相垂直的方向切断衬纸板,并在整个试样宽度方向上均匀地施加预张力,预张力大小为预期强力的(1±0.25)%,然后夹紧另一个夹具。如果强力机配有记录仪或计算机,可以通过移动活动夹具施加预张力。应从断裂载荷中减去预张力值。

(2)启动活动夹具,拉伸试样至断裂。

(3)记录最终断裂强力。当织物分为两个或两个以上断裂阶段时(如双层或更复杂的织物),记录第一组纱断裂时的最大强力,并将其作为织物的拉伸断裂强力。计算每个方向(经向和纬向)断裂强力的算术平均值,分别作为织物经向和纬向的断裂强力测定值(单位为N),保留小数点后两位。

(4)记录断裂伸长量,精确至1 mm,计算每个方向(经向和纬向)的断裂伸长率,结果保留两位有效数字。

(5)平行测试5组试样。

(6)如果有试样断裂在与两个夹具中任一夹具接触线距离小于10 mm处时,则在报告中记录实验情况,但计算时舍去该值,并用新试样重新实验。

注意:有3种因素可能导致试样在夹具内或夹具附近断裂:织物存在薄弱点(随机分布);夹具附近应力集中;夹具导致试样受损。

5.注意事项

(1)在夹持试样前,检查钳口使之准确地对正和平行,以保证施加的力不产生角度偏移。

(2)实验过程中,检查试样在钳口之间的滑移不超过2 mm,如果多次出现滑移现象应更换夹持器或者钳口衬垫。

6. 实验结果

(1)将测得的断裂强力、断裂伸长率记录在表7-3中。

(2)计算断裂强力和断裂伸长率的算术平均值、标准差和离散系数。

表 7 - 3　数据记录表

序号	经向/纬向	试样类型	处理方式	断裂强力 N	断裂伸长量 mm	断裂伸长率 %	备注
1							
2							
3							
4							
5							
平均值							
标准差							
离散系数							

7. 实验结果分析与问题讨论

纤维的排列密度是多少(单位为根/cm)?

第3章 复合材料基体相的材料参数与性能测试

3.1 复合材料树脂基体相材料参数测试

实验 8 环氧树脂环氧当量的测定

1. 实验目的和原理

1) 目的

(1) 了解环氧树脂环氧当量的意义及影响。

(2) 掌握环氧树脂环氧当量的测量方法。

2) 原理

环氧当量 EE 为含有 1 mol 环氧基的树脂质量。高氯酸标准滴定液与溴化四乙铵作用所生成的初生态溴化氢同环氧基的反应为

$$(C_2H_5)_4NBr + HClO_4 \longrightarrow (C_2H_5)_4NClO_4 + BHr$$

$$—\underset{\underset{C}{\diagdown\ \diagup}}{CH}—CH_2 + BHr \longrightarrow —\underset{\underset{OH}{\|}}{CH}—CH_2—Br$$

用高氯酸 冰醋酸标准溶液滴定溶解在含溴化四乙基铵的环氧树脂的二氯甲烷溶液，以结晶紫为指标剂，当高氯酸将环氧基消耗完，HBr 就过量，引起结晶紫指标剂变色，溶液颜色从而发生变化。利用空白实验与试样所耗高氯酸的差值可计算样品的环氧当量 EE，单位为克每摩尔（g/mol）。

$$EE = \frac{1\,000m}{(V_1 - V_0)c} \tag{8-1}$$

式中：m 为环氧树脂的质量（g）；c 为高氯酸标准溶液的浓度（mol/L）；V_1，V_0 分别为试样和空白实验所耗高氯酸溶液的体积（mL）。

2. 测试参考

《塑料 环氧化合物 环氧当量的测定》（GB/T 4612—2008）。

3.实验条件

环氧树脂环氧当量的测定实验开始前需如实填写实验记录,主要将实验时间、实验操作人员及实验条件填写在表8-1中。

表8-1 环氧树脂环氧当量的测定实验记录表

实验时间	
实验内容	环氧树脂环氧当量的测定
实验环境	温度: ℃;湿度: %
实验仪器及设备	(1)天平:精确至0.1 mg (2)锥形瓶:容量100 mL或200 mL,有磨口和磨口塞 (3)微量滴定管:有密封式贮器,或经校准的滴定管,容量10 mL (4)磁力搅拌器:有聚四氟乙烯涂层的搅拌棒 (5)容量瓶:容量1000 mL (6)量筒:容量50 mL和500 mL
实验所需材料	(1)冰乙酸 (2)乙酸酐,纯度大于96% (3)三氯甲烷 (4)邻苯二甲酸氢钾 (5)结晶紫 (6)高氯酸,0.1 mol/L的标准溶液
实验操作人	

4.实验步骤

(1)高氯酸溶液的配置:取8.5 mL质量分数为70%的高氯酸水溶液,放入容积为1 000 mL的容量瓶中,再加入300 mL冰乙酸,摇匀后再加30 mL乙酸酐,继续加入冰乙酸至1 000 mL刻度处,得到高氯酸溶液。

(2)浓度标定:称取一定质量(m)的邻苯二甲酸氢钾(相对分子质量为204.22),用冰乙酸溶解,再用高氯酸溶液滴定至显绿色,所耗高氯酸溶液的体积为V,则高氯酸溶液的浓度c(单位为mol/L)为

$$c = \frac{1\ 000m}{V \times 204.22} \tag{8-2}$$

(3)准备指示剂:将100 mL冰乙酸与0.1 g结晶紫溶解后作为滴定指示剂。

(4)取50 g溴化四乙铵溶于200 mL冰乙酸中,加几滴结晶紫指示剂。

(5)称取0.5 g(精确至0.1 mg)环氧树脂,并将其放入锥形瓶中,加10 mL三氯甲烷,然后用磁力搅拌器溶解试样,需要时可稍稍加热。冷却至室温,加入20 mL冰乙酸,然后用移液管加入10 mL的溴化四乙铵溶液。然后用已标定的高氯酸溶液滴定,同时用磁力搅拌器搅拌。当烧瓶中的溶液由紫色变为稳定的绿色时滴定结束。记下所耗氯酸溶液的体积V_1。

(6)重复步骤(5)两次,共做3个平行实验。

(7)空白实验:取10 mL三氯甲烷、20 mL冰乙酸以及10 mL溴化四乙铵溶液放入烧瓶中,立即用高氯酸滴定,当烧瓶中溶液颜色由紫色变成稳定的绿色时滴定结束。记录所

耗高氯酸溶液的体积 V_0。

5. 注意事项

在测定高相对分子质量环氧树脂时,三氯甲烷的用量增加到 30 mL。

6. 实验结果

(1)在高氯酸溶液浓度标定实验中,将邻苯二甲酸氢钾的质量 m 和所耗 $HClO_4$ 溶液的体积 V 记录在表 8-2 中,并根据式(8-2)计算高氯酸溶液的浓度 c。

表 8-2　测定高氯酸溶液浓度过程中的数据及计算结果

序号	邻苯二甲酸氢钾的质量 m/g	所耗高氯酸溶液的体积 V/mL	高氯酸溶液浓度 c/(mol·L^{-1})
1			
2			
3			
平均值	—	—	

(2)在环氧当量实验中,将不饱和树脂质量、高氯酸标样的消耗体积记录在表 8-3 中,并根据式(8-1)计算环氧值。

(3)表 8-3 为环氧当量实验数据及计算结果。

表 8-3　环氧当量实验数据及计算结果

序号	环氧树脂的质量 m/g	试样所耗高氯酸溶液的体积 V_1/mL	空白所耗高氯酸溶液的体积 V_0/mL	环氧当量 EE
1				
2				
3				
平均值	—	—	—	

7. 实验结果分析与问题讨论

(1)测定环氧当量的意义是什么?

(2)环氧值与环氧当量有何关系?

实验 9　环氧树脂黏度-温度特性曲线的测定

1. 实验目的和原理

1)目的

(1)掌握旋转黏度计的工作原理。

（2）掌握用旋转黏度计测量环氧树脂黏度的方法。

2）原理

流体在运动状态下抵抗剪切变形的性质称为黏性，黏性的大小用黏度表示。当黏度计的转子在某种液体中旋转时，液体会产生作用在转子上的黏性扭矩。液体的黏度越大，该黏性扭矩也越大；反之，液体的黏度越小，该黏性扭矩也越小。作用在转子上的黏性扭矩可由传感器检测出来。黏度就是由一定的系数乘以黏性扭矩得到的，其中系数取决于转速、转筒或转子类型（可查阅设备说明书）。

2. 测试参考

《塑料　环氧树脂　黏度测定方法》（GB/T 22314—2008）。

3. 实验条件

环氧树脂黏度-温度特性曲线的测定实验开始前需如实填写实验记录，主要将实验时间、实验操作人员及实验条件填写在表 9-1 中。

表 9-1　环氧树脂黏度-温度特性曲线的测定实验记录表

实验时间	
实验内容	环氧树脂黏度-温度特性曲线的测定
实验环境	温度：　　℃；湿度：　　%
实验仪器及设备	（1）旋转黏度计：测定精度应在满刻度计数的 2% 以内 （2）恒温水浴装置：温度控制精度为 ±0.5℃ （3）温度计：测量范围为 0～50℃，最小分度值为 0.2℃ （4）容器：用于盛放树脂 （5）秒表
实验所需材料	测试用环氧树脂：要求试样均匀、无气泡、无杂质
实验操作人	

4. 实验步骤

（1）参考附录 A 的表 A-1 选择黏度计的转筒（子）及转速，使测量读数落在黏度计满量程的 20%～90%（黏度计量程见附录 A 的表 A-2），尽可能落在 45%～90% 之间。

（2）在 5 个不同温度下测定树脂黏度，比较温度对树脂黏度的影响，推荐从以下数据组成的系列中选择温度：23℃，40℃，50℃，60℃，70℃，80℃，85℃，90℃。设选定的温度为 T_i（$i=1,2,3,4,5$）。

（3）把试样小心地注入容器，将温度调到 T_1 左右，然后把容器放入温度为 $T_1 \pm 0.5℃$ 的恒温水浴中，水浴面应比试样面略高。

（4）将黏度计转筒（子）垂直浸入树脂中心，浸入深度应没过转子上的刻度线，与此同时开始计时。

（5）在整个测量过程中，应将试样温度控制在 $T_1 \pm 0.5℃$，当转筒（子）浸入试样中达 8 min 时，开启马达，转筒（子）旋转 2 min 后读数。读数后关闭马达，停留 1 min 后再开启马达，旋转 1 min 后第二次读数。计算两次黏度的算术平均值，取三位有效数字。

(6)改变温度 T,重复步骤(3)(4),直至测完所有选定温度。

(7)每测量一个试样后,应将黏度计转筒(子)等实验用品清洗干净。

5.注意事项

(1)样品中不应含有任何可见杂质和气泡。

(2)如样品易吸潮或含有挥发性成分,应密闭样品容器,以尽量减少对黏度测量的影响。

6.实验结果

将上述实验相关条件及测量计算结果记录在表9-2中。

表9-2　数据记录及计算表

室内温度:_____　试样名称:_____　黏度计型号:_____　转子型号:_____

水浴温度 T_i	转子转速	测试结果1	测试结果2	平均值

根据以上结果,绘制出黏度-温度特性曲线(需附图)。

7.实验结果分析与问题讨论

温度对黏度的影响有何特点?

实验10　树脂固化反应曲线与玻璃化转变温度测定

1.实验目的和原理

1)目的

(1)了解树脂固化的机理,掌握树脂固化反应曲线和玻璃化转变温度的测定方法。

(2)学习使用差示扫描量热仪差示扫描量热法(Differential Scanning Calorimetry,DSC),并掌握分析实验结果的基本方法。

2)原理

固化度是评价环氧树脂配方优劣的主要指标。因此,如何检测树脂的固化度和采用哪种固化制度使树脂达到指定固化度一直是复合材料研究中的两个主要问题。

本实验依据环氧树脂固化时的交联反应都会放热的原理,在加热升温过程中用热分析仪对比试样与惰性参比物之间的差别,利用差示扫描量热法(Differential Scanning Calorimetry,DSC)曲线,分析出树脂在加热条件下交联反应的进程和反应动力学信息,即开始发生明显交联反应的温度 T_i、交联反应放热(或吸热)的峰值温度 T_p 和反应终止的温度

T_f。通常情况下,环氧树脂与固化剂一经混合就开始缓慢地发生交联反应,只是常温下反应很慢。曲线上的峰值温度 T_p 是仪器散热、加热、反应热效应的综合反映,可以认为是交联反应放热最多的那一时刻。随着时间的推移,试样反应热逐渐减少,系统的温度又趋于平衡,由此制订出该树脂配方热交联固化时加热升温的基本程序。

在实际生产和科研中,环氧树脂的固化并不是总处在等速升温的环境中,而是在某一温度下保温一段时间。最典型的一个固化工艺温度如图 10 - 1 所示。

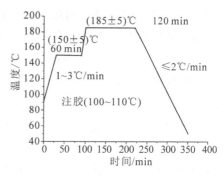

图 10 - 1　树脂固化曲线

2. 测试参考

《塑料　差示扫描量热法(DCS)　第二部分:玻璃化转变温度的测定》(GB/T 19466.2—2004),《用 DSC 测定环氧树脂体系固化反应的方法》(QJ 2508—1993)。

3. 实验条件

树脂固化反应曲线与玻璃化转变温度测定实验开始前需如实填写实验记录,主要将实验时间、实验操作人员及实验条件填写在表 10 - 1 中。

表 10 - 1　树脂固体反应曲线与玻璃化转变温度的测定实验记录表

实验时间	
实验内容	树脂固化反应曲线与玻璃化转变温度测定
实验环境	温度:　　℃;湿度:　　%
实验仪器及设备	(1)分析天平:精确至 0.1 mg (2)烧杯:用于混合环氧树脂体系 (3)综合热分析仪
实验所需材料	(1)环氧树脂 E - 51 (2)胺类固化剂 (3)辅助组分 (4)氮气(或氩气),纯度为 99.95% 以上
实验操作人	

4. 实验步骤

1)环氧树脂配方的准备

环氧树脂配方的主要组分是树脂和固化剂,辅助组分有增韧剂、固化促进剂以及阻燃剂等。实验时,最好不要选择室温固化剂,也不要选择 200℃ 以上交联反应的固化剂。

(1)称取环氧树脂 E - 51 若干克。

(2)按环氧值计算公式得出所选胺类固化剂的用量,称取固化剂及其他所需成分。环氧值计算公式为

$$m = \frac{M}{n} \times E \tag{10-1}$$

式中:m 为每 100 g 环氧树脂所需胺类固化剂的质量;M 为固化剂相对分子质量;n 为胺基上的活泼氢原子数;E 为环氧树脂的环氧值。

(3)将所有成分放入容器中混合均匀,待用。

2)热分析实验

进行热分析实验时,可根据实验室仪器状况,测试材料的 DSC 曲线。

(1)打开循环水泵电源开关(先上后下),轻按面板上"OK"钮,使水温升高到设定温度。

(2)打开仪器电源开关,等面板指示灯亮后,左手按住上升钮,同时右手按住仪器升降按钮,使炉体上升到顶部位置,将炉体转向左侧。

(3)打开加热炉,轻轻放入试样和参比物,试样放在 DSC 杆的前侧,参比物放在后侧。

(4)关好加热炉,注意不要碰坏支持器,再将炉体转向正面,左手按住下降钮,同时右手按住仪器升降按钮,使炉体下降到底部位置。

(5)打开测试软件程序,输入样品名称、操作者姓名、升温速度、实验温度范围、试样质量等项目,同时按一定流速通氮气。

(6)按动电脑上的启动键,开始实验。

(7)实验进行到 T_f 之后停止加热。

(8)如需重做实验,则必须打开加热炉,使加热炉和支持器冷却到室温,才可重复上述操作。

(9)测试结束后关闭仪器电源,关闭循环水泵电源(先下后上)。

5. 注意事项

(1)实验中应检查气体的通入情况,保证气体通畅,将炉内挥发物带出炉体,起到保护作用。

(2)盛样品的坩埚放到 DSC 杆上时,应特别小心,以防损坏 DSC 杆。

(3)实验过程中不要碰触实验桌,以防引起仪器晃动,影响实验数据的准确性。

6. 实验结果

(1)记录树脂配方。

(2)记录 DSC 测试曲线图并进行如下分析。

a. 从热分析曲线中找出选定的环氧树脂配方的 T_i,T_p 以及 T_f。

b. 与同组同学比较不同条件下同一配方的 DSC 曲线的差别,了解不同操作条件对实验结果的影响。

c. 假设采用选定的配方制备复合材料,制定一个固化制度,详细说明其理由。

d. 若使不同质量的试样在相同条件下反应,估计交联反应过程中从 T_i 到 T_f 所持续的时间与试样质量的关系。

e. 从得到的 DSC 曲线上计算交联反应热,以 J/g 为单位表示。

$$\int_{t_1}^{t_2} \Delta\omega \mathrm{d}t = \int_{T_i}^{T_f} \mathrm{d}H \qquad (10-2)$$

7. 实验结果分析与问题讨论

(1)DSC 测试时参比物与试样质量是否需要一致?

(2)如何解析热分析曲线?

(3)环氧树脂固化的三个阶段对实际生产的指导意义是什么?

实验 11　环氧树脂凝胶时间测定

1. 实验目的和原理

1)目的

掌握用凝胶时间测定仪测定环氧树脂凝胶时间的方法和原理。

2)原理

树脂的凝胶时间由一个标准柱塞在环氧树脂固化体系中往复运动受阻达到一个值所经历的时间来表示。

将一定形状和浮力的柱塞悬挂在树脂中,由驱动机构使其以固定的振幅在垂直平面内作简谐运动,调配好振幅,使柱塞在向上运行期间确实上升,而在下降时以不比简谐运动更快的速度自由下落。以自固化剂全部加入树脂中起,至树脂凝胶物正好能支持柱塞下降的力而被仪器自动检测到的时刻所经历的时间作为凝胶时间。

2. 测试参考

《环氧树脂凝胶时间测定方法》(GB 12007.7—1989)。

3. 实验条件

环氧树脂凝胶时间测定实验开始前需如实填写实验记录,主要将实验时间、实验操作人员及实验条件填写在表 11 - 1 中。

表 11 - 1　环氧树脂凝胶时间的测定实验记录表

实验时间	
实验内容	环氧树脂凝胶时间测定
实验环境	温度:　　℃;湿度:　　%
实验仪器及设备	(1)恒温水浴装置:温度控制精度为±0.5℃ (2)预热器:电热烘箱或封闭式电加热器 (3)温度计:测量范围为 0～100℃,最小分度值为 0.2℃ (4)铝罐:圆柱形,内径 41～47 mm,铝罐壁厚 0.35～0.51 mm,对高于25℃的实验,铝罐应有一盖,盖中央留有孔隙,供柱塞杆上下运动 (5)烧杯:容量合适,预混反应物用 (6)凝胶时间测定仪:具有柱塞、马达驱动装置、自动计时装置和停止装置
实验所需材料	(1)测试用环氧树脂 (2)固化剂
实验操作人	

4. 实验步骤

1）实验温度的确定

选定的实验温度应能得到便于测量的凝胶时间。推荐的实验温度是 25℃,40℃,65℃,80℃,100℃,120℃,150℃。如果需要,可采用更高的温度。

2）仪器的准备

(1)将空铝罐垂直固定在调整到规定实验温度的热浴内,浸入部分的深度至少达 64 mm。

(2)调整并固定凝胶时间测定仪,使柱塞在铝罐的中心作垂直运动。确保柱塞的圆盘在全部往复期间完全浸入树脂。当运行到最低位置时,圆盘与铝罐底的距离在 13～25 mm 之间。

(3)调节柱塞的往复时间,凝胶时间在 5～20 min 的材料采用 6 s,凝胶时间大于 20 min 的材料采用 60 s。

3）凝胶时间的测定

(1)称取树脂和规定比例的固化剂,准确至±2.5%,且使它们总质量为 120～150 g,分别装于两个辅助容器中。

(2)将两个辅助容器置于预热器上加热,并用力搅拌至少 2 min,使物料达到试验温度。

(3)将固化剂加入装有树脂的辅助容器中,即开启计时器计时。用力搅动整个混合物 2 min,并在预热器上使之达到规定的实验温度。搅拌时不能将空气泡带入混合物中。

(4)迅速转移(100±2)g 已搅匀的混合物至空铝罐内,并插入一个预热好的清洁干燥的柱塞,开启凝胶时间测定仪使柱塞上下运动。

(5)等树脂胶凝使计时器停止,记录显示的时间。

(6)实验次数及表示:用同一树脂再进行一次平行测定。计算两次结果的平均数为凝胶时间,用分钟(min)表示。

5. 注意事项

(1)本实验适用于在实验温度下凝胶时间不小于 5 min 的环氧树脂固化体系。

(2)加热环氧树脂时会产生环氧氯丙烷,其蒸气有毒,有些固化剂的蒸气也有毒,应注意不要吸入。

6. 实验结果

将上述实验相关条件及测量计算结果记录在表 11-2 中。

表 11-2 数据记录及计算表

室内温度:	实验温度:
树脂牌号:	树脂黏度:
固化剂名称:	固化剂规格:
所用柱塞形式:	柱塞尺寸:
凝胶时间1:	凝胶时间2:
平均值:	

7. 实验结果分析与问题讨论

实验温度会对树脂凝胶时间有何影响？

实验 12　不饱和聚酯树脂酸值的测定

1. 实验目的及原理

1) 目的

(1) 了解不饱和聚酯树脂酸值的测定原理。

(2) 掌握不饱和聚酯树脂酸值的测量方法。

2) 原理

酸值的定义为中和 1 g 不饱和聚酯树脂试样所需氢氧化钾（KOH）的质量（mg）。它表征树脂中游离羟基的含量或合成不饱和聚酯树脂时聚合反应进行的程度。酸值还分为部分酸值和总酸值，其中部分酸值指中和树脂中所有羧基、游离酸以及半数游离酐的酸值。总酸值指中和树脂中所有羧基、游离酸以及全部游离酐的酸值。

(1) 部分酸值的测量原理。将称量的树脂溶解在溶剂混合液中，然后用氢氧化钾/乙醇的标准溶液进行滴定。反应如下：

按下式计算部分酸值（η_{PAV}）：

$$\eta_{PAV} = \frac{M_{KOH} \times (V_1 - V_2)c}{m_1} \tag{12-1}$$

式中：m_1 为树脂试样的质量（g）；V_1，V_2 分别为中和试样和空白试样所耗 KOH 的体积（mL）；c 为 KOH 溶液的浓度（mol/L）；M_{KOH} 为 KOH 的摩尔质量，其值为 56.1 g/mol。

(2) 总酸值的测量原理。将称量的树脂溶解在含水的溶剂混合液中，在用氢氧化钾/乙醇的标准溶液进行滴定前，允许游离酸酐水解 20 min。反应如下：

按下式计算总酸值（η_{TAV}）：

$$\eta_{TAV} = \frac{M_{KOH} \times (V_3 - V_4)c}{m_2} \qquad (12-2)$$

式中：m_2 为树脂试样的质量（g）；V_3，V_4 分别为中和试样和空白试样所耗 KOH 的体积（mL）。

2. 测试参考

《塑料 聚酯树脂 部分酸值和总酸值的测定》（GB/T 2895—2008）。

3. 实验条件

不饱和聚酯树脂酸值的测定实验开始前需如实填写实验记录，主要将实验时间、实验操作人员及实验条件填写在表 12 - 1 中。

表 12 - 1 不饱和聚酯树脂酸值的测定实验记录表

实验时间	
实验内容	不饱和聚酯树脂酸值的测定
实验环境	温度： ℃；湿度： %
实验仪器及设备	普通的实验室仪器和玻璃器皿以及下列几项： (1)锥形烧瓶，容量 100 mL 和 250 mL，粗颈 (2)锥形烧瓶，容量 250 mL，细颈，带磨口玻璃塞，符合《石英玻璃器皿烧瓶》(JC/T 652—2011) (3)滴定管，容量 25 mL(刻度 0.1 mL)符合《实验室玻璃仪器 滴定管》(GB/T 12805—2011)要求 (4)磁力搅拌器 (5)移液管，容量 25 mL 和 50 mL (6)自动吸管，容量 25 mL，50 mL 和 60 mL (7)分析天平，精确至 1 mg
实验所需材料	(1)含有 2 份(体积)甲苯和 1 份(体积)乙醇的溶剂混合液 (2)氢氧化钾，0.1 mol/L 乙醇或甲醇的标准滴定液(不含碳酸盐) (3)丙酮，水含量不大于 0.3%(质量分数) (4)乙醇，水含量不大于 0.2%(质量分数) (5)甲醇，含量不小于 99.5%(质量分数) (6)酚酞，1%的乙醇溶液 (7)吡啶，水含量不大于 0.1%(质量分数) (8)甲乙酮，水含量不大于 0.03%(质量分数)
实验操作人	

4. 实验步骤

1)试样准备

按照表 12 - 2 选择合适的试样质量。

表 12 - 2　试样质量的选择

预期的酸值(以 KOH 计)/(mg·g^{-1})	近似的试样质量/g
0~5	>16
5~10	8
10~25	4
25~50	2
50~100	1
>100	0.7

2)部分酸值的测量步骤

(1)取 1 g 酚酞与 99 g 乙醇混合配成滴定终点指示剂。

(2)取甲苯和乙醇,将其以体积比 2:1 配成溶剂混合液 A。使用之前,先用氢氧化钾溶液中和溶剂混合液,用酚酞作为指示剂。当滴定纯顺丁烯二酸聚酯树脂时,使用氢氧化钾/甲醇溶液更好。

(3)取 0.1 mol/L 的 KOH/乙醇(或甲醇)标准测定液,使用当天标定其浓度,方法参见附录 B。在标定过程中记录所耗 KOH 溶液的体积 V 和邻苯二甲酸氢钾的质量。

(4)取适量(1~2 g)不饱和聚酯树脂盛放在容积为 250 mL 的锥形瓶中,用 50 mL 移液管取溶剂混合液 A 注入树脂试样瓶中,摇动锥形瓶使之完全溶解。

(5)在已溶解的试样中加入至少 3 滴酚酞指示剂,并用 KOH 溶液滴定,直至溶液颜色变为红色并再摇动 10 s 不褪色,则结束滴定操作,记录所耗 KOH 溶液的体积 V_1。平行样测试 3 组。

(6)取 50 mL 溶剂混合液,以相同的方法进行空白实验,记录所耗 KOH 溶液的体积 V_2。如果溶剂混合液已进行过中和,那么空白测定时所耗 KOH 的体积为零。

3) 总酸值的测量步骤

(1)取 1 g 酚酞与 99 g 乙醇混合配成滴定终点指示剂。

(2)取 400 mL 吡啶、750 mL 甲乙酮和 50 mL 水配制成溶剂混合液 B。

(3)取 0.1 mol/L 乙醇或甲醇的标准测定液,使用当天标定其浓度,方法参见附录 B。同样记录标定过程中所耗 KOH 溶液的体积及邻苯二甲酸氢钾的质量。使用之前,先用氢氧化钾溶液中和溶剂混合液,用酚酞作为指示剂。当滴定纯顺丁烯二酸聚酯树脂时,使用氢氧化钾/甲醇溶液更好。

(4)取适量(1~2 g)不饱和聚酯树脂盛放在体积为 250 mL 的锥形瓶中,用 60 mL 移液管取溶剂混合液注入树脂试样瓶中,摇动使之完全溶解。

(5)在已溶解的试样中加入至少 5 滴酚酞指示剂,并用 KOH 溶液滴定,同时摇动,直至粉红色保持 20~30 s 不褪色,则结束滴定,记录所耗 KOH 溶液的体积 V_3。平行样测试 3 组。

(6)用 60 mL 溶剂混合液 B 以相同的方法进行空白实验,记录所耗 KOH 溶液的体积 V_4。如果溶剂混合液已进行中和,那么空白测试所耗 KOH 的体积为零。

5. 注意事项

(1)若两个平行实验测定的结果误差大于 3%(相对于平均值),则须重复操作。

(2)吡啶是有毒的和可燃的,处理这种试剂时请采取适当的预防措施,避免接触皮肤或眼睛。仅在有良好通风的区域内使用吡啶,以免吸入其蒸气。

6. 实验结果

(1)在标定 KOH 浓度实验中,将邻苯二甲酸氢钾的质量和所耗 KOH 溶液的体积记录在表 12-3 中,并计算出 KOH 的浓度。

表 12-3 测定 KOH 溶液浓度过程中的数据及计算结果

序号	邻苯二甲酸氢钾的质量 m/g	所耗 KOH 溶液的体积 V/mL	KOH 溶液的浓度经 $c/(mol \cdot L^{-1})$
1			
2			
3			
平均值	—	—	

(2)在部分酸值测定实验中,将不饱和树脂质量、消耗 KOH 的体积记录在表 12-4 中,并根据式(12-1)计算部分酸值。

表 12-4 测定部分酸值过程中的数据及计算结果

序号	不饱和树脂的质量 m_1/g	试样所耗 KOH 的体积 V_1/mL	空白测定所耗 KOH 的体积 V_2/mL	部分酸值 $\eta_{PAV}/(mg \cdot g^{-1})$
1				
2				
3				
平均值	—	—	—	

(3)在总酸值测定实验中,将不饱和树脂质量、消耗 KOH 的体积记录在表 12-5 中,并根据式(12-2)计算总酸值。

表 12-5 测定总酸值过程中的数据及计算结果

序号	不饱和树脂的质量 m_2/g	试样所耗 KOH 的体积 V_3/mL	空白测定所耗 KOH 的体积 V_4/mL	总酸值 $\eta_{TAV}/(mg \cdot g^{-1})$
1				
2				
3				
平均值	—	—	—	

(4)求 KOH 溶液浓度、部分酸值以及总酸值的平均值。

7. 实验结果分析与问题讨论

测定不饱和聚酯树脂酸值的意义是什么?

实验 13　酚醛树脂挥发分、树脂含量和固含量的测定

1. 实验目的及原理

1) 目的

(1) 掌握对酚醛树脂几个重要技术指标的测定方法。

(2) 掌握酚醛树脂由 B 阶向 C 阶过渡时小分子释放的原理。

(3) 理解树脂含量和固体含量的不同含义。

2) 原理

酚醛树脂由于苯酚上羟甲基($—CH_2OH$)的作用而不同于其他树脂,在加热固化过程中,两个$—CH_2OH$作用将会脱下一个 H_2O 和甲醛(CH_2O),甲醛又会与树脂中苯环上的活性点反应生成一个新的$—CH_2OH$。酚醛树脂整个固化过程分 A 阶、B 阶、C 阶三个阶段。

A 阶树脂为酚和醛经缩聚、干燥脱水后得到的树脂,可呈液体、半固体或固体状,受热时可以熔化。但随着加热的进行,由于树脂分子中含有羟基和活泼的氢原子,所以其又可以较快地转变为不熔状。A 阶树脂能溶解于酒精、丙酮及碱的水溶液中,它具有热塑性,又称为可溶性树脂。

B 阶树脂为 A 阶树脂继续加热,分子上的$—CH_2OH$在分子间不断相互反应而交联的产物。它的分子结构比可溶酚醛树脂要复杂得多,分子链产生支链,酚已经开始充分发挥其 3 个官能团的作用。它不能溶于碱溶液中,可以部分或全部溶于酒精、丙酮中,加热后能转变为不溶的产物。B 阶树脂热塑性较可溶性树脂差,又称为半溶性树脂。

C 阶树脂为 B 阶树脂进一步受热,交联反应继续深入,具有较大相对分子质量和复杂网状结构的树脂。它完全硬化,失去热塑性及可溶性,为不溶的固体物质,又称为不溶性树脂。

2. 测试参考

《色漆、清漆和塑料不挥发物含量的测定标准》(GB/T 1725—2007)。

3. 实验条件

酚醛树脂挥发分、树脂含量和固含量的测定实验开始前需如实填写实验记录,主要将实验时间、实验操作人员及实验条件填写在表 13-1 中。

表 13-1　酚醛树脂挥发分、树脂含量和固含量的测定实验记录表

实验时间	
实验内容	酚醛树脂挥发分、树脂含量和固含量的测定
实验环境:	温度:　　℃;湿度:　　%
实验仪器及设备	(1) 分析天平:能准确称量至 0.1 mg (2) 烘箱:对于最高温度 150℃的情况,能保持在规定温度的±2℃范围内 (3) 秒表 (4) 称量瓶或坩埚 (5) 干燥器:装有适宜的干燥剂,例如用氯化钴浸过的干燥硅胶
实验所需材料	测试用酚醛树脂
实验操作人	

4. 实验步骤

(1)树脂含量的测定。取恒重的称量瓶,称其质量为 m_1;取 1 g 左右的 A 阶酚醛树脂溶液于称量瓶中,称其质量为 m_2,然后将它放入(80±2)℃的恒温烘箱中处理 60 min,取出称量瓶放入干燥器中冷却至室温,称其质量为 m_3。树脂含量 R_c 指去除挥发溶剂后测出的溶液中树脂含量的百分比,即

$$R_c = \frac{m_3 - m_1}{m_2 - m_1} \times 100\% \tag{13-1}$$

将质量为 m_3 的试样再放入(160±2)℃恒温烘箱中处理 60 min,取出称量瓶在干燥器中冷却至室温后称其质量为 m_4。固体含量 S_c 是指 A 阶树脂进入 C 阶后树脂含量的百分比,即

$$S_c = \frac{m_4 - m_1}{m_2 - m_1} \times 100\% \tag{13-2}$$

(2)挥发分的测定。挥发分 V_c 指 B 阶树脂进入 C 阶过程中放出的水和其他可挥发的成分的质量占 B 阶树脂质量的百分比,即

$$V_c = \frac{m_3 - m_4}{m_3 - m_1} \times 100\% \tag{13-3}$$

高温固化绝对脱水量($m_3 - m_4$)和溶剂量($m_2 - m_3$)与树脂溶液总量($m_2 - m_1$)之比称为总挥发量 F_c,则

$$F_c = \frac{m_2 - m_4}{m_2 - m_1} \times 100\% \tag{13-4}$$

由上述可知,V_c 与 F_c 有很大的区别。

5. 注意事项

(1)烘箱应能自然对流。

(2)为了防止爆炸或起火,对于含有易燃、挥发性物质的样品应小心处理,按国家有关规定执行。

(3)为了提高测量精度,建议将称量瓶或坩埚在烘箱中于一定温度下干燥一定的时间,然后放置在干燥器中直至使用。

6. 实验结果

(1)在表 13-2 中记录实验过程中不同阶段物质的质量,并按照式(13-1)～式(13-4)计算其树脂含量、固含量、挥发分、总挥发分量等。

(2)计算上述四个指标的平均值并记录在表 13-2 中。

表 13-2　实验的数据记录及计算表

序号	m_1/g	m_2/g	m_3/g	m_4/g	树脂含量 $R_c/(\%)$	固含量 $S_c/(\%)$	挥发分 $V_c/(\%)$	总挥发量 $F_c/(\%)$
1								
2								
3								
平均值	—	—	—	—				

7. 实验结果分析与问题讨论

若在测量前称量瓶或坩埚未放入烘箱干燥,将对实验测得的 4 个指标各有何影响?

3.2　复合材料树脂基体相性能测试

实验 14　树脂拉伸性能的测试

1. 实验目的和原理

1)目的

(1)了解电子万能试验机的使用方法。

(2)掌握树脂标准件的拉伸实验方法。

2)原理

沿试样轴向匀速施加静态拉伸载荷,直到试样断裂或达到预定的伸长,在整个过程中,测量施加在试样上的载荷和试样的伸长,以测定拉伸应力(拉伸屈服应力、拉伸断裂应力或拉伸强度)、拉伸弹性模量、断裂伸长率,并绘制应力-应变曲线。

试样形状、尺寸如图 14 - 1 所示。

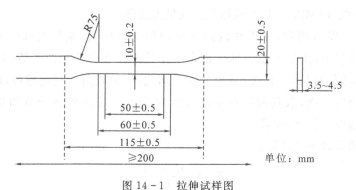

图 14 - 1　拉伸试样图

试样的制备方式见附录 C。

测定拉伸强度时,实验速度为 10 mm/min,仲裁实验速度为 2 mm/min;测定弹性模量、应力-应变曲线时,实验速度为 2 mm/min。

2. 测试参考

《树脂浇铸体性能试验方法》(GB/T 2567—2008)。

3. 实验条件

树脂拉伸性能的测试实验开始前需如实填写实验记录,主要将实验时间、实验操作人员及实验条件填写在表 14 - 1 中。

表 14 – 1　树脂拉伸性能的测试实验记录表

实验时间	
实验内容	树脂拉伸性能的测试
实验环境	温度:　　℃ ;湿度:　　%
实验仪器及设备	万能试验机:载荷、速度、测量变形误差不超过±1%
实验所需材料	被测试样
实验操作人	

4. 实验步骤

(1)实验前,试样需经严格检查,试样应平整、光滑、无气泡、无裂纹、无明显杂质和加工损伤等缺陷。

(2)每组实验准备 5 个以上试样,将试样编号,测量试样标距 L_0 (图 14 – 1 中 50 mm± 0.5 mm 段)内任意 3 处的宽度 b 和厚度 h ,取算术平均值,测量精度为 0.01 mm。

(3)拉伸强度测试:夹持试样,使试样的中心轴线与上、下夹具的对准中心线一致,按规定速度均匀连续加载,直至破坏,读取破坏载荷值 P 。

拉伸强度按下式计算:

$$\sigma_t = \frac{P}{b \cdot h} \tag{14 – 1}$$

式中:σ_t 为拉伸强度(MPa); P 为破坏载荷或最大载荷(N)。

(4)拉伸弹性模量测定:在工作段内安装测量变形仪表,施加初载(约 5% 的破坏载荷),检查和调整仪表,使整个系统处于正常工作状态。无自动记录装置时可采用分级加载,级差为破坏载荷的 5%~10% ,至少分五级加载,施加载荷不宜超过破坏载荷的 50% ,一般至少重复测定 3 次,取其两次稳定的变形增量 ΔL ,记录各级载荷和相应的变形值。有自动记录装置时,可连续加载。

拉伸弹性模量按下式计算:

$$E_t = \frac{L_0 \cdot \Delta P}{b \cdot h \cdot \Delta L} \tag{14 – 2}$$

式中:E_t 为拉伸弹性模量(MPa); L_0 为测量标距(mm); ΔP 为载荷-变形曲线上初始直线段的载荷增量(N); ΔL 为与载荷增量 ΔP 对应的标距 L_0 内的变形增量(mm)。

(5)测定断裂伸长率和应力-应变曲线时,有自动记录装置,可连续加载。

断裂伸长率按下式计算:

$$\varepsilon_t = \frac{\Delta L_b}{L_0} \times 100\% \tag{14 – 3}$$

式中:ε_t 为试样断裂伸长率(%); ΔL_b 为试样断裂时标距 L_0 内的伸长量(mm)。

(6)若试样断在夹具内或圆弧处,此试样作废,另取试样补充。同批有效试样不足 5 个时,应重做实验。

(7)将测得的数据记录在表 14 – 2 中,绘制拉伸应力-应变曲线。

5. 注意事项

若试样断在夹具内或圆弧处,此试样作废,另取试样补充。同批有效试样不足 5 个时,应重做试验。

6. 实验结果

(1)在拉伸强度测试实验中,将测量得到的宽度 b、厚度 h 和实验测得的破坏载荷值 P 记录在表 14-2 中,并根据式(14-1)计算出拉伸强度。

表 14-2　测量拉伸强度实验数据及计算结果

试样序号	宽度 b/mm	厚度 h/mm	破坏载荷值 P/N	拉伸强度 σ_t/MPa
1				
2				
3				
4				
5				

(2)在拉伸弹性模量测定实验中,将测量得到的试样标距 L_0、宽度 b、厚度 h 和实验测得的载荷增量 ΔP、变形增量 ΔL 记录在表 14-3 中,并根据式(14-2)计算出拉伸弹性模量。

表 14-3　测量拉伸弹性模量实验数据及计算结果

试样序号	标距 L_0/mm	宽度 b/mm	厚度 h/mm	载荷增量 ΔP/N	变形增量 ΔL/mm	拉伸弹性模量 E_t/MPa
1						
2						
3						
4						
5						

(3)在断裂伸长率测定实验中,将测量得到的试样标距 L_0 和断裂伸长量 ΔL_b 记录在表 14-4 中,并根据式(14-3)计算出断裂伸长率。

表 14-4　测量断裂伸长率实验数据及计算结果

试样序号	标距 L_0/mm	断裂伸长量 ΔL_b/mm	断裂伸长率 ε_t/(%)
1			
2			
3			
4			
5			

(4)根据测得的数据,绘制拉伸应力-应变曲线。

7. 实验结果分析与问题讨论

(1)树脂的拉伸过程有何特征?与低碳钢、铸铁的拉伸形式相比有何区别?说明什么问题?

(2)树脂的断裂形式有何特征?这说明了什么问题?

实验 15 树脂压缩性能的测试

1. 实验目的和原理

1)目的

(1)掌握树脂的压缩强度和压缩弹性模量的测量方法。

(2)观察树脂的破坏现象,了解树脂的力学特性。

2)原理

以恒定速率沿试样轴向进行压缩,使试样破坏或高度减小到预定值。在整个过程中,测量施加在试样上的载荷和试样的高度或应变,测定压缩应力和压缩弹性模量等。试样形状、尺寸见图 15-1。

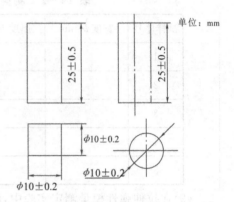

图 15-1 压缩试样

试样的制备方式见附录 C。

2. 测试参考

《树脂浇注体性能诚验方法》(GB/T 2567—2008)。

3. 实验条件

树脂压缩性能的测试实验开始前需如实填写实验记录,主要将实验时间、实验操作人员及实验条件填写在表 15-1 中。

表 15-1 树脂压缩性能的测试实验刻录表

实验时间	
实验内容	树脂压缩性能的测试
实验环境	温度:　　℃;湿度:　　%
实验仪器及设备	(1)万能试验机:载荷、速度、测量变形误差不超过±1%;加载压头应平整、光滑,并具有可调整上下压板平度的球形支座 (2)游标卡尺:精度 0.1 mm
实验所需材料	被测试样
实验操作人	

4. 实验步骤

(1)实验前,试样需经严格检查,试样应平整、光滑,无气泡,无裂纹,无明显杂质和加工损伤等缺陷。

(2)将试样编号,测量试样宽度和厚度各任意 3 处(Ⅱ型试样测任意 3 处的直径),取算术平均值。测量精度为 0.1 mm。

(3)安放试样,使试样的中心线与上、下压板中心线对准,确保试样端面与压板表面平行,调整试验机,使压板表面恰好与试样端面接触,对试样施加初载荷(约 5% 的破坏载荷),以避免应力-应变曲线出现曲线的初始区,检查并调整试样及变形测量系统,使整个系统处于正常工作状态。

(4)测定压缩弹性模量时,在上、下压板与试样接触面之间或在试样高度中间安装测量变形仪表。检查仪表,开动试验机,按规定速度分级加载,级差为破坏载荷的 5%~10%,至少分五级加载,所施加的载荷不宜超过破坏载荷的 50%,一般至少重复测定 3 次,取其 2 次稳定的变形增量,记录各级载荷和相应的变形值。有自动记录装置时,可连续加载。

压缩弹性模量按下式计算:

$$E_c = \frac{L_0 \cdot \Delta P}{b \cdot h \cdot \Delta L} \tag{15-1}$$

$$E_c = \frac{4 L_0 \cdot \Delta P}{\pi \cdot d^2 \cdot \Delta L} \tag{15-2}$$

式中:E_c 为压缩弹性模量(MPa);L_0 为试样原始高度或试样高度中间安装仪表的标距(mm);ΔP 为对应于载荷-变形曲线上初始直线段的载荷增量值(N);ΔL 为与载荷增量 ΔP 对应的标距 L_0 内的变形增量(mm);b 为试样宽度(mm);h 为试样厚度(mm);d 为试样直径(mm)。

(5)测定压缩强度时,按规定速度对试样施加均匀连续载荷,直至破坏载荷或最大载荷,读取破坏载荷或最大载荷。

压缩强度按下式计算:

$$\sigma_c = \frac{P}{F} = \frac{P}{b \cdot h} \tag{15-3}$$

$$\sigma_c = \frac{P}{F} = \frac{4P}{\pi d^2} \tag{15-4}$$

式中:σ_c 为压缩强度(MPa);P 为破坏载荷或最大载荷(N);F 为试样横截面积(mm²);

(6)式(15-1)和式(15-3)适用于Ⅰ型试样,式(15-2)和式(15-4)适用于Ⅱ型试样。

5. 注意事项

(1)有失稳和端部挤压破坏的试样,应予以作废。同批有效试样不足 5 个时,应重做实验。

(2)试件一定要放在压头中心,以免偏心影响。

(3)在试件与上压头接触时要特别注意减小加载速度,使之慢慢接触,以免发生撞击,损坏机器。

(4)树脂压缩时应注意安全,以防试件被破坏时弹出伤人。

6. 实验结果

(1)在压缩弹性模量测试实验中,将测量得到的高度 L_0、宽度 b、厚度 h 或直径 d 和实验测得的载荷增量 ΔP、变形增量 ΔL 记录在表 15-2 中,并根据式(15-1)或式(15-2)计算出压缩弹性模量。

表 15-2 测量压缩弹性模量实验数据及计算结果

试样序号	宽度 b/mm	厚度 h/mm	直径 d/mm	载荷增量 ΔP/N	变形增量 ΔL/mm	压缩弹性模量 E_t/MPa
1						
2						
3						

(2)在压缩强度测试实验中,将测量得到的高度 L_0、宽度 b、厚度 h 或直径 d 和实验测得的破坏载荷值 P 记录在表 15-3 中,并根据式(15-3)或式(15-4)计算出压缩弹性模量。

表 15-3 测量压缩强度实验数据及计算结果

试样序号	宽度 b/mm	厚度 h/mm	破坏载荷值 P/N	压缩强度 σ_c/MPa
1				
2				
3				

7. 实验结果分析与问题讨论

树脂压缩的破坏形式是什么?这说明了其什么性质?

实验 16 树脂弯曲性能的测试

1. 实验目的和原理

1)目的

(1)了解树脂弯曲性能测试的意义。

(2)掌握用三点弯曲实验机测量树脂弯曲性能的方法。

2)原理

采用无约束支撑,通过三点弯曲,以恒定的加载速率使试样破坏或达到预定的挠度值。在整个过程中,测量施加在试样上的载荷和试样的挠度,确定弯曲强度、弯曲弹性模量以及弯曲应力与应变的关系。

试样形状、尺寸如图 16-1 所示。试样的横截面应是棱边不倒圆的矩形。

试样尺寸:仲裁检验的试样厚度 h 为(4.0±0.2)mm,常规检验的试样厚度 h 为 3.0~6.0 mm(一组试样厚度公差±0.2 mm)。宽度 b 为 15 mm,长度 l 不小于 20h。任一试样上,在其长度的中部 1/3 范围内,试样厚度与其平均值之差不大于平均厚度的 2%,该范围内试样宽度与其平均值之差不大于平均宽度的 3%。

试样的制备方式见附录 C。

图 16-1　弯曲试样

2. 测试参考

《树脂浇铸体性能试验方法》(GB/T 2567—2008)。

3. 实验条件

树脂弯曲性能的测试实验开始前需如实填写实验记录,主要将实验时间、实验操作人员及实验条件填写在表 16-1 中。

表 16-1　树脂弯曲性能的测试实验记录表

实验时间	
实验内容	树脂弯曲性能的测试
实验环境	温度：　　℃；湿度：　　%
实验仪器及设备	(1)三点弯曲试验机:载荷、速度、测量变形误差不超过±1% (2)游标卡尺:精度 0.1 mm (3)图 16-2 中,1 为试样支座,2 为加载上压头,3 为试样。跨距 L 为(16±1)h,加载上压头半径 R 为(5.0±0.1)mm,试样厚度大于 3 mm 时,r 为(5.0±0.2)mm
实验所需材料	被测试样
实验操作人	

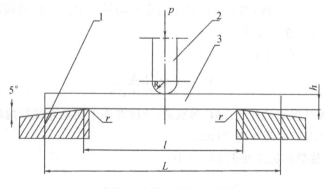

1—支座;2—加载上压头;3—试样
图 16-2　试样支座

4. 实验步骤

(1)实验前,试样需经严格检查,试样应平整、光滑,无气泡,无裂纹,无明显杂质和加工损伤等缺陷。

（2）每组实验准备 5 个以上试样，将试样编号，测量试样跨距中心处附近 3 点的宽度和厚度，取算术平均值。测量精度为 0.1 mm。

（3）测定弯曲强度时，实验速度为 10 mm/min；测定弯曲弹性模量时实验速度为 2 mm/min；仲裁检验速度为 2 mm/min。

（4）调节跨距 L 及加载压头位置，准确到 0.5 mm，加载上压头位于支座中间，且与支座相平行。将试样放于支座中间位置，试样的长度方向与支座和上压头相垂直。

（5）调整加载速度，选择试验机载荷范围及变形仪表量程。调整试验机，使加载上压头恰好与试样接触，对试样施加初载荷（约为破坏载荷的 5%），以避免应力-应变曲线出现曲线的初始区。检查和调整仪表，使整个系统处于正常状态。

（6）测定弯曲强度或弯曲应力时，按规定速度均匀连续加载，直至破坏，记录破坏载荷或最大载荷值。在挠度等于 1.5 倍试样厚度下不呈现破坏的材料，记录该挠度下的载荷。

弯曲强度或弯曲应力按下式计算：

$$\sigma_t = \frac{3P \cdot L}{2b \cdot h^2} \qquad (16-1)$$

式中：σ_t 为弯曲强度或弯曲应力（MPa）；P 为破坏载荷或最大载荷或定挠度（挠度等于试样厚度的 1.5 倍）时的载荷（N）；L 为跨距（mm）；b 为试样宽度（mm）；h 为试样厚度（mm）。

若 $S/L > 10\%$，考虑到挠度 S 作用下支座水平分力引起弯矩的影响，弯曲强度可按下式计算：

$$\sigma_f = \frac{3P \cdot L}{2b \cdot h^2}[1 - 4\,(S/L)^2] \qquad (16-2)$$

式中，S 为试样破坏时的跨中挠度（mm）。

（7）测定弹性模量或绘制载荷-挠度曲线时，在试样跨中底部或上压头与支座的引出装置之间安装挠度测量装置。检查调整仪表，无自动装置可分级加载，级差为破坏载荷的 5%～10%（测定弯曲弹性模量时，至少分五级加载，所施加的最大载荷不宜超过破坏载荷的 50%。一般至少重复 3 次，取其 2 次稳定的变形增量），记录各级载荷和相应的挠度值。有自动记录装置时，可连续加载。

弯曲弹性模量按下式计算：

$$E_f = \frac{L^3 \cdot \Delta P}{4b \cdot h^3 \cdot \Delta S} \qquad (16-3)$$

式中：E_f 为弯曲弹性模量（MPa）；ΔP 为载荷-挠度曲线上初始直线段的载荷增量（N）；ΔS 为与载荷增量 ΔP 对应的跨中挠度（mm）。

（8）将测得的的数据记录在表 16-2 中。

5. 注意事项

在试样中间的 1/3 跨距以外破坏的试样，应予以作废。同批有效试样不足 5 个时，应重做实验。

6. 实验结果

（1）在弯曲强度或弯曲应力测试实验中，将测量得到的宽度 b、厚度 h、跨距 L 和实验测

得的破坏载荷值 P 记录在表 16 – 2 中,并根据式(16 – 1)或式(16 – 2)计算出弯曲强度。

表 16 – 2　测量弯曲强度或弯曲应力实验数据及计算结果

试样序号	宽度 b/mm	厚度 h/mm	跨距 L/mm	破坏载荷值 P/N	弯曲强度 σ_t /MPa
1					
2					
3					
4					
5					

(2)在弯曲弹性模量测试实验中,将实验测得的载荷增量 ΔP 和跨中挠度增量 ΔS 记录在表 16 – 3 中,并根据式(16 – 3)计算出弯曲弹性模量。

表 16 – 3　测量弯曲弹性模量实验数据及计算结果

试样序号	宽度 b/mm	厚度 h/mm	跨距 L/mm	载荷增量 ΔP /N	挠度增量 ΔS /mm	弯曲弹性模量 E_f /MPa
1						
2						
3						
4						
5						

7. 实验结果分析与问题讨论

(1)树脂在被弯曲后呈现怎样的性能?

(2)树脂的抗弯曲能力受哪些因素影响?

实验 17　树脂断裂韧性的测试

1. 实验目的和原理

1)目的

(1)掌握摆锤试验机测定树脂断裂韧性的方法。

(2)了解树脂在冲击载荷作用下所表现的性能。

2)原理

将开 V 形缺口的试样两端水平放置在支撑物上,缺口背向冲击摆锤,摆锤向试样中间冲击一次,使试样受冲击时产生应力集中而迅速破坏。

试样形状、尺寸如图 17 - 1 所示。

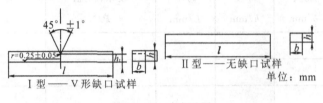

图 17 - 1 冲击试样

试样尺寸见表 17 - 1。

表 17 - 1 试样尺寸

类型	长度 l/mm	宽度 b/mm	厚度 h/mm	缺口底部圆弧半径 r/mm	跨距 L/mm
Ⅰ型试样	120±1	15.0±0.2	10.0±0.2	0.25±0.05	70
Ⅱ型试样	120±1	15.0±0.2	10.0±0.2		70
Ⅰ型小试样	80±1	10.0±0.2	4.0±0.2	0.25±0.05	60
Ⅱ型小试样	80±1	10.0±0.2	4.0±0.2		60

注:试样的缺口是加工而成。试样的制备方式见附录 C。

2.测试参考

《树脂浇铸体性能试验方法》(GB/T 2567—2008)。

3.实验条件

树脂断裂韧性的测试实验开始前需如实填写实验记录,主要将实验时间、实验操作人员及实验条件填写在表 17 - 2 中。

表 17 - 2 树脂断裂韧性的测试实验记录表

实验时间	
实验内容	树脂断裂韧性的测试
实验仪器及设备	(1)简支梁式摆锤试验机:载荷、速度、测量变形误差不超过±1%。摆锤刀刃、试样和支座三者的几何尺寸及相互位置如图 17 - 2 所示 (2)游标卡尺:精度 0.1 mm
实验所需材料	被测试样
实验操作人	

4.实验步骤

(1)实验前,试样需经严格检查,试样应平整、光滑,无气泡,无裂纹,无明显杂质和加工损伤等缺陷。

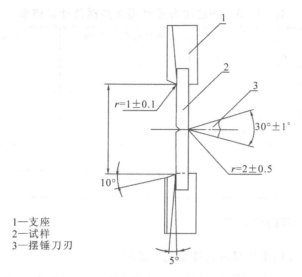

1—支座
2—试样
3—摆锤刀刃

图 17-2　简支梁式摆锤试验机示意图

(2)每组实验准备 5 个以上试样,将试样编号,无缺口试样测量试样中部的宽度和厚度;缺口试样测量缺口下的宽度,测量缺口下两侧的厚度取其平均值。测量精度为 0.1 mm。

(3)根据试样破坏所需的能量选择摆锤,使消耗的能量在摆锤能量的 10%~85% 范围内。用标准跨距样板调节支座的距离。根据试验机打击中心的位置及试样的尺寸,决定是否在支座上加垫片,垫片的尺寸应根据试验机的情况而定。

(4)试验前检查试验机空载消耗的能量,使空载冲击后指针指到零位。

(5)冲击强度测试:抬起并锁住摆锤,将试样整个宽度面紧贴在支座上,并使冲击中心对准试样中心或缺口中心的背面。平稳释放摆锤,从刻度盘上读取冲断试样所消耗的功,并判断破坏形式。

冲击强度按下式计算:

$$\sigma_k = \frac{A}{b \cdot d} \tag{17-1}$$

式中:σ_k 为冲击强度(kJ/m^2);A 为冲断试样所消耗的功(J);b 为试样缺口下的宽度或无缺口试样中部的宽度(mm);d 为试样缺口下的厚度或无缺口试样中部的厚度(mm)。

(6)将测得的数据记录在表 17-1 中。

5.注意事项

(1)断在非缺口处的试样应予以报废,另取试样补充。无缺口试样均按一处断裂计算。试样未冲断应不予取值。同批有效试样不足 5 个时,应重做实验。

(2)在实验过程中要特别注意安全,禁止把摆锤举高后安放试件,当摆锤举高后,人员应离开摆锤摆动的范围,以免发生危险。

6.实验结果

在冲击强度测试实验中,将测量得到的宽度 b、厚度 d 和实验测得的冲断试样所消耗的功 A 记录在表 17-3 中,并根据式(17-1)计算出冲击强度。

表 17 - 3   测量冲击强度实验数据及计算结果

试样序号	宽度 b/mm	厚度 d/mm	冲断试样所消耗的功 A/J	冲击强度 σ_k /(kJ·m^{-2})
1				
2				
3				
4				
5				

7. 实验结果分析与问题讨论

(1)树脂在冲击作用下所呈现的性能是怎样的?

(2)在工程应用中,哪些情况下树脂会承受冲击载荷?冲击实验对工程应用有什么意义?

实验 18　树脂硬度的测试

1. 实验目的和原理

1)目的

(1)掌握洛氏硬度计的工作原理。

(2)掌握用洛氏硬度计测量树脂硬度的方法。

2)原理

本实验测定硬度的方法是在规定的加荷时间内,在受试材料上面的钢球上施加一个恒定的初负荷,随后施加主负荷,然后再恢复到相同的初负荷。测量结果是压入总深度减去卸去主负荷后规定时间内的弹性恢复以及初负荷引起的压入深度。洛氏硬度由压头上的负荷从规定初负荷增加到主负荷,然后再恢复到相同初负荷时的压入深度净增量求出。

洛氏硬度计的压头为可在轴套中自由滚动的硬质抛光钢球。该钢球在实验中不应有变形,实验后不应有损伤。压头的直径取决于所用的洛氏硬度标尺。

压头配有千分表或其他合适的装置,以测量压头的压入深度,精确至 0.001 mm。当仪器直接标刻时,千分表上通常有黑、红两种刻度,后者已自动推算 M,L 及 R 标尺洛氏硬度的常数 130。

表 18-1 列出了与 M,L 及 R 标尺相对应的负荷。所有情况下的初负荷都是 98.07 N。洛氏硬度计通过螺丝杠将放置试样的工作台升高至试样与压头接触来施加初负荷。在这种情况下,千分表上有一个显示初负荷已经施加的指示点,在操作硬度计之前,应参阅厂商的仪器手册。

表 18 - 1　洛氏标尺的主负荷、初负荷及压头直径

洛氏硬度标尺	初负荷/N	主负荷/N	压头直径/mm
R	98.07	588.4	12.7±0.015
L	98.07	588.4	6.35±0.015
M	98.07	980.7	6.35±0.015
E	98.07	980.7	3.175±0.015

洛氏硬度标尺每一分度表示压头垂直移动 0.002 mm。实际上,洛氏硬度值由下式求出:

$$HR = 130 - e \qquad (18-1)$$

式中:HR 为洛氏硬度值;e 为主负荷卸除后的压入深度,是以 0.002 mm 为单位的数值。

试样的制备方式见附录 C。

2. 测试参考

《塑料硬度测定　第 2 部分:洛氏硬度》(GB/T 3398.2—2008)。

3. 实验条件

树脂硬度测试实验开始前需如实填写实验记录,主要将实验时间、实验操作人员及实验条件填写在表 18 - 2 中。

表 18 - 2　树脂硬度的测试实验记录表

实验时间	
实验内容	树脂硬度的测试
实验环境	温度:　　℃;湿度:　　%
实验仪器及设备	(1)标准洛氏硬度计:载荷、速度、测量变形误差不超过±1%。硬度计主要由下列部件构成:可调工作台的刚性机架,带有直径至少为 50 mm 的用于放置试样的平板;有连接器的压头;无冲击地将适宜负荷加在压头上的装置 (2)游标卡尺:精度 0.1 mm
实验所需材料	被测试样:标准试样应为厚度至少 6 mm 的平板;试样不一定为正方形;实验后在支撑面上不应有压头的压痕;当无法得到规定的最小厚度的试样时,可用相同厚度的较薄试样叠成,要求每片试样的表面都应紧密接触,不得被任何形式的表面缺陷分开(例如凹陷痕迹或锯割形成的毛边);全部压痕都应在试样的同一表面上
实验操作人	

4. 实验步骤

(1)实验前,试样需经严格检查,试样应平整、光滑,无气泡,无裂纹,无明显杂质和加工损伤等缺陷。

(2)把试样放在工作台上。检查试样和压头的表面是否有灰尘、污物、润滑油及锈迹,并检查试样表面是否垂直于所施加的负荷方向。施加初负荷且调整千分表到零。在施加

初负荷后 10 s 内施加主负荷。在施加主负荷后 15^{+1}_{0} s 时卸去主负荷。应平稳操作仪器。卸去主负荷 15 s 后读取千分表上读数,准确到标尺的分度值。

(3)若仪器是按洛氏硬度值直接分度,则适合于按下述方法操作:记录施加主负荷后指针通过红标尺上零点的次数,将所得次数与卸去主负荷后指针通过零点的次数相减。若其差值为零,则硬度值为标尺读数加上 100。若其差值为 1,则硬度值为标尺读数,若其差值为 2,则硬度值为标尺读数减去 100。若有疑问,可查阅制造厂的仪器手册。

(4)在试样的同一表面上做 5 次测量。每一测量点应离试样边缘 10 mm 以上,任何两测量点的间隔不得少于 10 mm。

(5)理论上,洛氏硬度值应处于 50～115 之间;若测出超出此范围的值,应用邻近的标尺重新测定。

(6)将测得的数据记录在表 18-3 中。

5. 注意事项

仪器应安装在水平、无振动的钢性基座上。若仪器台座无法避免地要受到振动的影响(例如在其他试验机的附近),则洛氏硬度计也可装在带有至少 25 mm 厚的海绵橡皮衬垫的金属板上,或其他能有效减振的台座上。

6. 实验结果

将 5 次测量得到的洛氏硬度计读数分别记录在表 18-3 中。

表 18-3 测量树脂硬度实验数据

试样编号:_____   硬度计型号:_____   标尺类型:_____

测试结果 1	测试结果 2	测试结果 3	测试结果 4	测试结果 5	平均值

7. 实验结果分析与问题讨论

(1)树脂被压表面与普通金属相比有何特征?呈现怎样的性能?

(2)提高树脂硬度对工程应用有何意义?

第4章 复合材料界面的参数
与性能测试

4·1 复合材料界面参数的测定

实验 19 表面处理及表面张力的测定

1.实验目的和原理

1)目的

(1)掌握测定液体表面张力的方法。

(2)了解液体对表面状态不同的固体附着力的差别。

2)原理

从力的角度来理解,表面张力是作用在单位长度表面上的收缩力,它与该物质的浓度、温度等相关。因此,在测试报告中要注明实验时的状态。

一个金属环(如铂金丝环)浸入某种能浸润该金属环的液体中,将该环以环平面平行于液表面的状态从液体中提出时需施加一定的提拉力才能完成,该提拉力 f 是液体表面张力的作用结果。测量出这一提拉力 f 后可结合金属环的具体参数按下式计算该液体的表面张力

$$\gamma_L = \frac{f}{4\pi(R' + r)} \tag{19-1}$$

式中:γ_L 为液体的表面张力(N/cm);f 为将环提拉出液体所需的力(N);R' 为圆环的内径(cm);r 为圆环金属丝(环丝)的半径(cm)。

当提拉力 f 与悬挂在环上的液体自身的重力($V\rho g$)大小相等方向相反时,液体环膜将被拉断。由于液体悬挂的体积 V 与圆环的几何尺寸相关,因而在计算表面张力时需要加以校正,其校正因子 F 可从表 19-1 中查出。校正后的表面张力计算公式如下:

$$\gamma_L = \frac{fF}{4\pi(R' + r)} \tag{19-2}$$

表 19 - 1　圆环法的校正因子 F

R^3/V	F		
	$R/r=32$	$R/r=42$	$R/r=50$
0.3	1.018	1.042	1.054
0.5	0.946	0.973	0.987
1.0	0.880	0.910	0.929
2.0	0.820	0.860	0.880
3.0	0.783	0.828	0.852

注:$R=R'+r$。

理想状态下,液体的表面张力是一个定值,与测量时所用金属环的材料无关。但是用圆环法测量表面张力时涉及固-液界面的吸附力。如果被测液体对圆环的附着力 f' 小于式(19 - 1)中的提拉力 f,测量时提拉圆环就不能将液体膜拉断,而是液体从圆环上滑脱。因此,用圆环提拉法测量表面张力的先决条件是 $f'' \geqslant f$,这也是式(19 - 1)和式(19 - 2)能够成立的前提条件,也是为什么要在实验前彻底清洁铂金环的原因。

为慎重起见,用环形金属提拉法测定的表面张力值应与文献值比较一下,确保实验的可靠。

2.测试参考

《表面活性剂　用拉起液膜法测定表面张力》(GB/T 5549—2010)。

3.实验条件

表面处理及表面张力的测定实验开始前需如实填写实验记录,主要将实验时间、实验操作人员及实验条件填写在表 19 - 2 中。

表 19 - 2　表面处理及表面张力的测定实验记录表

实验时间	
实验内容	表面处理及表面张力的测定
实验环境	温度:　　℃;湿度:　　%
实验仪器及设备	界面张力仪、游标卡尺、分析天平(界面张力仪又称扭力天平,仪器上施加的力是由钢丝扭转产生的扭力,该扭力与铂金环施加的表面张力相平衡;当扭力增加,液面被拉破时,钢丝扭转的角度由游标指示出来,此值就是该液体的表面张力值,单位为N/m;长期使用该仪器,钢丝会产生扭转损伤,尤其是极度扭转时超过了钢丝弹性扭转的极限,这时就需要校正或更换钢丝)
实验所需材料	
实验操作人	

4.实验步骤

1)前期准备

(1)仪器放置。将界面张力仪放在平稳的平台上,调节水平螺丝 E 使仪器处于水平状态。

(2)仪器初始化。将铂金环挂在吊杆臂的下端,取一小纸片(0.1 g 左右)放在铂金环上,打开臂的制止器 J 和 K,使钢丝自由作用在臂上,用放大镜 R 看指针 L 与反射镜上的红线是否重合,若重合则此时刻度盘上的游标正好指零,若不重合则调整微调涡轮把手 P,使之为零。

(3)仪器校正。在铂金环上放一小纸片,纸片上放一定质量的砝码,此时就相当于对铂金环上施加了一个往下的作用力 mg;轻旋涡轮把手,直到指针与反射镜上的红线重合,记下此时刻度盘上游标的读数 F(精确到 0.1 分度)。此时如仪器正常,则刻度盘上的数据应与公式 $P=mg/2L$ 计算的数据一致,其中,m 为砝码和小纸片的质量,g 为当地重力加速度,L 为铂金环周长。若该数值与刻度盘读数不一致,就应该调节钢丝的长度:刻度盘读数偏大,应缩短钢丝长度;读数偏小,则应增加钢丝长度。反复调几次,直到刻度盘上读数与质量校正计算值一致。

(4)清洗实验用品。将盛试样的玻璃杯和铂金圆环用洗液浸洗,并用蒸馏水冲洗三遍后在 100℃ 的干净烘箱中烘干待用。推荐洗液的配制:10 mL 饱和重铬酸钾溶液和 90 mL 质量分数为 85% 的硫酸混合均匀。实践证明,洁净的铂金环与液体有较高的吸附力,不洁净的铂金环与液体的界面吸附力较低。

2)表面张力的测定

(1)将待测液体倒入玻璃杯中,液体高度约为 25 mm,将玻璃杯放在样品座中间;旋转样品座升降螺母 B,使铂金环浸入液体中,此时指针和反射镜红线重合;缓缓旋转把手 M 增加钢丝的扭力并使铂金环拉紧,缓缓提起,这时指针始终与红线重合;继续施加扭力直到铂金环与液体形成的膜破裂,此时读下刻度盘上的值 P,P 为未校正的表面张力值,即 $P=r_L=f/[2\pi(R'+r)]$。将该步骤重复 3 次,取平均值。

(2)对比实验。为了让学生理解"能浸润该金属环"的物理意义,在此用同一种液体与不同金属圆环或不同表面状态的同一金属环做对比实验,加深学生对表面处理重要性的认识。

(3)取一个不干净甚至被油污染了的铂金环测量上述同一液体的表面张力,记录刻度盘读数。

(4)分别用干净的钢丝环、铜丝环测定上述液体的表面张力,并比较讨论。

(5)混合液体测试实验。取两种不相溶的液体(其中一种为水),将铂金环浸于下面液体中,然后慢慢提拉至两种液体交界处,此时有两种情况:①若水在下面则继续往上提铂金环;②若水在上面,则铂金环靠旋转 B 往下走直至指针 L 与红线重合,然后加大扭力使界面膜破裂,读取刻度盘上的值。将所测数据与在水中所测结果进行比较。

3)表面张力的校正

(1)测量铂金环的内径 R' 和环丝的半径 r,从表 19-1 中查到相应的校正因子 F,其中 $V=f/\rho g$,$f=\rho\times4\pi(R'+r)$,ρ 为测定液体的密度,g 为重力加速度。

(2)计算实际的表面张力 $\gamma_L=\rho F$。

4)整理

实验完毕后应使扭力钢丝处于不受力的状态,扭力钢丝切忌扭转 360° 以上。

5. 注意事项

(1)测定用的水不允许和软木塞尤其是橡皮塞接触,以防污染水质。

(2)溶液的表面对于大气灰尘或周围的挥发化学溶剂非常敏感,所以不要在进行测定的房间内处理挥发性物品,仪器应用罩子罩起来。

(3)清洁的铂金圆环和测量杯内表面要避免用手触摸。

6.实验结果

(1)记录从仪器设备上直接读出的表面张力。

(2)对所测得的表面张力进行校正。

(3)记录实验过程中观察到的主要现象。

实验样品:_____。

表面张力1:_____。

表面张力2:_____。

表面张力3:_____。

表面张力(平均):_____。

校正后的表面张力:_____。

实验现象:_____。

7.实验结果分析与问题讨论

(1)测量表面张力的金属环一定要用铂金环吗?为什么?

(2)测定某一液体表面张力后测试另一液体表面张力时,是否需洗净铂金环?

(3)简述测定条件对表面张力的影响。

实验20 纤维与稀树脂溶液之间接触角的测定

1.实验目的和原理

1)目的

(1)掌握纤维与稀树脂溶液之间接触角的测量方法。

(2)掌握测定固体表面张力 γ_S 的方法及操作流程。

(3)了解固-液界面浸润状态。

2)原理

增强纤维被液体树脂浸润的状态是复合材料学中的重要研究内容之一。目前在生产过程中已对碳纤维和高强玻璃纤维进行表面处理(偶联剂),大部分玻璃纤维和玻璃纤维织物是用石蜡乳剂处理的。为了改善复合材料增强相和连续相的相互作用,了解树脂与纤维的浸润状态是很有必要的。虽然用黏附功 W_{SL} 表征浸润性比较合理,但目前 W_{SL} 还不可能被直接测定。接触角也可以直观表征树脂对纤维的浸润性,Young – Dupre公式描述了黏附功 W_{SL} 和接触角 θ 之间的关系:

$$W_{SL} = \gamma_L(1 + \cos\theta) \tag{20-1}$$

式中, γ_L 为液体的表面张力。

本实验测量一系列已知表面张力的液体与同一种纤维的接触角,当 γ_L 不同时, θ 不同,

以 γ_L 为纵坐标、θ 为横坐标作一条直线,将此直线延长至 $\theta=0°$,此时的表面张力称为临界表面张力 F_c,即 $\gamma_L(0°)=\gamma_C$。Zisman 认为该临界表面张力接近固体的表面张力 γ_S,且有

$$\cos\theta = 1 + b(\gamma_c - \gamma_L) \tag{20-2}$$

式中,b 为固体物质的特性常数。

结合式(20-1)和式(20-2)可以求出固-液接触的黏附功 W_{SL},从而了解树脂对纤维的浸润效果。

2.测试参考

《纳米薄膜接触角测量方法》(GB/T 30447—2013),《塑料薄膜与水接触角的测量》(GB/T 30693—2014)。

3.实验条件

纤维与稀树脂溶液之间接触角的测定实验开始前需如实填写实验记录,主要将实验时间、实验操作人员及实验条件填写在表 20-1 中。

表 20-1　纤维与稀树脂溶液之间接触角的测定实验记录表

实验时间	
实验内容	纤维与稀树脂溶液之间接触角的测定
实验环境	温度:　　℃;湿度:　　%
实验仪器及设备	接触角测定仪、载玻片等
实验所需材料	
实验操作人	

4.实验步骤

1)仪器调试

(1)观察接触角测定仪的组成和结构,调整主机底座旋钮使主机处于水平状态。

(2)接通电源,调节照明系统,使显微镜的视野明亮,并使角度盘清晰可见。

(3)调节显微镜光路中心,使其与纤维支架的旋转中心一致,让显微镜的十字中心对准样品池,并上、下、左、右移动,注意视野的范围。

(4)如要拍接触照片,则要在显微镜上安装照相机。

(5)如在测试过程中需对液体试样池加热,则应通电试加热,并调节控制加热系统使之能按要求加热。

2)显微镜观察法测定接触角

(1)配制环氧树脂稀溶液(溶剂为丙酮或二甲苯),容器加盖,确保溶剂不会挥发。

(2)将工作台和液体样品池调至水平,然后缓慢地用注射器将待测树脂注入样品池中并使其液面鼓起而不外溢。

(3)将纤维用针从纤维支架的小孔中慢慢引出,并用透明胶带将纤维紧紧固定在支架

上,然后将载有纤维的纤维支架安放在样品池上方。

(4)缓慢地转动支架,将带有纤维的架子转入液体中,特别注意纤维与液体接触的方式。

(5)旋转支架使纤维处于主机和显微镜光路中心,即纤维的影像与目镜的十字线重合。

(6)旋转支架调节纤维与液体的接触方式,调节到显微镜中读出的角度为所测纤维与该液体的接触角 θ。

3)参数调整实验

(1)反复调节纤维与树脂的接触方式,观察所测得的接触角是否一致,确保实验结果可靠。

(2)对液体样品池进行加热,测定不同温度下的接触角,但应注意加热会加速液体溶剂的挥发,使溶液浓度发生变化。

4)悬滴法测定纤维与稀树脂溶液的接触角

(1)将纤维绷直固定在纤维支架上,调节显微镜直到观察到清晰的纤维图像。

(2)将待测液体滴在纤维上,使其抱住纤维形成一个液珠,将显微镜的刻度尺对准液珠,分别测出 H,d 和 R,并按下式求出接触角:

$$\tan\frac{\theta}{2} = \frac{H-d}{R} \tag{20-3}$$

式中:θ 为接触角(°);H 为液滴的高度(mm);R 为液滴的长度(mm);d 为纤维直径(mm)。

5. 注意事项

(1)试样台应能够使试样平整、水平放置,当移动试样观察新区域时,应该避开已经润湿的区域。

(2)实验用水为蒸馏水或超纯水,并储存在干净的容器中。

6. 实验结果

(1)将实验过程中使用的纤维、树脂和不同树脂的表面张力以及测量得到的接触角记录在表 20-2 中。

(2)将能恰当表达树脂对纤维浸润性能的接触角图片展示在报告中。

(3)求纤维的表面张力,根据式(20-2),以 $\cos\theta$ 为横坐标、γ_L 为纵坐标作一条直线,当 $\theta = 0°$ 时,$\gamma_L = \gamma_c$,此 γ_c 为纤维的表面张力 γ_s。

表 20-2　实验记录表

纤维种类:

树脂种类	表面张力	接触角/(°)			
		接触角 1	接触角 1′	接触角 1″	平均值
		接触角 2	接触角 2′	接触角 2″	平均值
		接触角 3	接触角 3′	接触角 3″	平均值

续表

树脂种类	表面张力	接 触 角			
		接触角 4	接触角 4′	接触角 4″	平均值
		接触角 5	接触角 5′	接触角 5″	平均值

注:将纤维与树脂 1 测定的接触角结果标注为接触角 1,依次类推,每种树脂与纤维的
　接触角测定 3 次,取平均值。

7. 实验结果分析与问题讨论

(1)纤维的表面状态对接触角影响较大,安装纤维时手接触纤维对测量结果有何影响?
(2)液体的挥发性能对测量接触角是否有影响? 若有,则说明它是如何产生影响的。
(3)解释说明树脂和纤维的接触角与温度高低的关系。
(4)试总结影响纤维表面张力的主要因素。
(5) $\gamma_S > \gamma_L$ 是液体浸润固体的一个先决条件。这种说法是否正确? 为什么?

4.2　复合材料界面性能的测定

实验 21　复合材料界面层厚度的测定

1. 实验目的和原理

1)目的
(1)了解复合材料的界面及其在复合材料中的重要作用。
(2)掌握复合材料界面层厚度测定的方法。

2)原理
一般把基体和增强物之间化学成分有显著变化的,构成彼此结合、能传递载荷的区域称为界面。这种界面与金属纤维增强体内部的晶界不同,它是一个过渡区域。该区域的材料结构与性能应该不同于任一个组分材料,故称为界面相或界面层,其厚度为几纳米到几百纳米。

纤维增强复合材料中的界面相是在纤维和基体间的薄层区域,这些界面相是由于纤维和基体材料或者纤维生产时带有的保护涂层间的化学反应而形成的。纤维是用来增强基体材料的,它的强度要高于基体材料,而两种材料性能的差异往往会在纤维和基体间形成不同程度的应力和变形,正是界面的存在才使得纤维和基体连接在一起,从而使复合材料得到在外界作用下的功能性。界面传递载荷的能力主要依靠化学和机械键合的作用强度。此外,复合材料性能还会受到集中在界面间的空位、杂质、微裂纹等缺陷的影响。因此,虽然界面厚度很小,但其所占的面积比例很大,所以界面的性质、结构、完整性对复合材料性能影响很大,以至于影响纤维增强复合材料的全部力学性能。

原子力量微镜(Atomic Force Microscope,AFM)是表征固体材料表面形貌和性能的

有力工具,它通过安在软支架弹簧上的一个尖探针来对样品表面进行扫描,当样品在探针下移动时,样品表面的特性会引起支架的偏移,光学系统则对探针相对于样品表面位置很敏感,通过测定支架偏移信息即可得到表面形貌图像。

2. 测试参考

"纤维增强复合材料界面层厚度表征方法"(李宏福,张博明,第十五届中国科协年会《复合材料与节能减排研讨会论文集》,2013),Characterization of interface nanoscale property variations in glass fiber einforced polypropylene and epoxy resin composites(Gao S L,Mä der E,*Composites:Part A*,2002,33:559−576)。

3. 实验条件

复合材料界面层厚度的测定实验开始前需如实填写实验记录,主要将实验时间、实验操作人员及实验条件填写在表 21−1 中。

表 21−1　复合材料界面层厚度的测定实验记录表

实验时间	
实验内容	复合材料界面层厚度的测定
实验环境	温度:　　℃;湿度:　　%
实验仪器及设备	AFM 包括控制扫描移动的压电晶体扫描器、对支架偏移敏感的光度头和支承扫描器、光度头及感受偏移信号系统的架台
实验所需材料	
实验操作人	

4. 实验步骤

(1)制样:AFM 制样时,对样品导电与否没有要求,因此测量范围比较广,根据仪器样品台尺寸制备样品。

(2)将制备好的样品用双面胶带粘贴到样品台上,并将样品台通过底座吸盘放入 AFM 仪器中。

(3)按照 AFM 操作手册进行仪器调整,当针尖接近样品时,针尖受到力的作用使悬臂发生偏转或振幅改变。悬臂的这种变化经检测系统检测后转变成电信号传递给反馈系统和成像系统,记录扫描过程中一系列探针变化就可以获得样品表面信息图像。

(4)对图像进行标注测量,记录数据,并进行多组实验,将实验结果填入表 21−2 中。

5. 注意事项

(1)经过多次扫描后,针尖或者样品有钝化现象。

(2)针尖影响 AFM 成像主要表现在针尖的曲率半径和针尖侧面角两个方面,曲率半径决定最高侧向分辨率,而探针的侧面角决定最高表面比率特征的探测能力,曲率半径越小,越能分辨精细结构。

(3)AFM 可以在大气、真空、低温和高温、不同气氛以及溶液等各种环境下工作,且不受样品导电性质的限制。

6. 实验结果

(1)将测得的复合材料界面厚度记录在表 21-2 中。

(2)计算并记录界面厚度的算术平均值、标准差和离散系数。

表 21-2　数据记录及计算表

试样名称：_____

序号	厚度/mm	备注
1		
2		
3		
4		
5		
6		
7		
8		
平均值		
标准差		
离散系数		

7. 实验结果分析与问题讨论

(1)复合材料面层的结构大体可分为几种类型？

(2)温度是否会对 AFM 接触式探针法测量复合材料界面层厚度的结果产生影响？

实验 22　复合材料的界面剪切强度测试
（微滴包埋拉出法）

1. 实验目的和原理

1)目的

(1)了解复合材料的界面剪切强度在结构强度参数中的重要性。

(2)掌握复合材料界面剪切强度测定的方法。

2)原理

纤维和树脂的物理和化学性质的差异，使得纤维增强树脂基复合材料界面结合较差，而纤维与基体间界面的结构和性质对复合材料力学性能起着关键作用，因此如何准确地表征界面的结合性能是纤维增强复合材料研究的一个重要课题。目前的研究中，测定纤维和树脂界面剪切强度(以此反映纤维和树脂界面结合性能)，常用单丝拔出法(单纤维拉出)、微珠脱粘法(微滴包埋拉出)、单丝压出法(纤维压出)、纤维段裂法(单纤维断裂)。

对于碳纤维树脂基复合材料的界面评价,微滴包埋拉出法试样制备相对简单,并且对热塑性和热固性树脂均适用,因此是最常采用的方法。实验采用微滴包埋拉出法测量环氧树脂小球(见图 22-1)从单根纤维上拔脱的力值,计算出界面剪切强度值 σ。

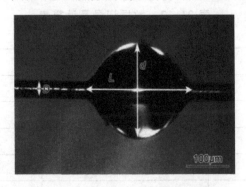

图 22-1 包裹在碳纤维上的环氧树脂小球

2. 测试参考

"微滴包埋拉出法测定复合材料界面剪切强度的影响因素分析"(乔月月,袁剑民,费又庆,《材料工程》,2016 年第 7 期)。

3. 实验条件

微滴包埋拉出法测定复合材料界面剪切强度实验开始前需如实填写实验记录,主要将实验时间、实验操作人员及实验条件填写在表 22-1 中。

表 22-1 微滴包埋拉出法测定复合材料界面剪切强度的测试实验记录表

实验时间	
实验内容	微滴包埋拉出法测定复合材料界面剪切强度
实验环境	温度: ℃ ;湿度: %
实验仪器及设备	热机械分析仪 TMA/SS7300
实验所需材料	碳纤维、环氧树脂、固化剂
实验操作人	

4. 实验步骤

(1)准备原材料:预测碳纤维性能参数,并将环氧树脂与固化剂按固化需求比例配比。

(2)将碳纤维固定在宽度大约为 20 mm 的纸板上,然后用尖嘴镊子把微量环氧树脂包覆在碳纤维上,由于表面张力的作用,环氧树脂会很快呈椭球状,小球的包裹长度控制在 300 μm 以内,然后在 80℃固化 12 h。

(3)测量之前先用光学显微镜观测,选出包裹较好的样品,并且测出树脂小球的长度 L、直径 d 以及纤维的直径 D,如图 22-1 所示。

(4)将样品置于热机械分析仪 TMA/SS7300 的拉伸探头上,施加 5 mN 作用力使纤维拉直,并调节夹具保证纤维竖直放置,设定探头最大拉伸距离为 500 μm。

（5）以 50 μm/min 的速率拉伸测试，测定负载-位移曲线，取最大载荷 $F_{\max}$，计算界面剪切强度值 σ，其公式为

$$\sigma = \frac{F_{\max}}{\pi DL} \tag{22-1}$$

（6）可用 Phenom 台式扫描电镜观察拔脱之后树脂小球和纤维的形貌。

5. 注意事项

（1）需要考虑微滴包埋拉出法测量的结果受夹具的位置、树脂小球受力是否均匀、树脂小球的大小及纤维直径等因素的影响。

（2）不同样品会表现出更大的界面剪切强度的离散性，这将直接影响复合材料界面黏结性能评价的精确性，需要进一步分析，进行有效评价。

6. 实验结果

（1）将测得的树脂小球的长度 L、直径 d、纤维的直径 D 以及最大载荷 $F_{\max}$ 记录在表 22-2 中。

（2）计算并记录界面剪切强度 σ 的算术平均值、标准差和离散系数。

表 22-2　数据记录及计算表

试样序号	树脂小球长度 L/μm	树脂小球直径 d/μm	纤维的直径 D/μm	界面剪切强度 σ/MPa
1				
2				
3				
4				
5				
算术平均值	—	—	—	—
标准差	—	—	—	—
离散系数	—	—	—	—

7. 实验结果分析与问题讨论

根据微滴包埋拉出法测得试样的典型的负载-位移曲线，试分析受力过程。

实验 23　复合材料的界面残余应力测定

1. 实验目的和原理

1）目的

（1）了解残余应力超声体波检测仪工作原理并掌握其操作方法。

（2）掌握复合材料界面残余应力测定的方法。

2）原理

声弹性在材料中与超声波传播方向一致的应力影响其传播速度，压缩应力加快超声波传播速度，拉伸应力减慢超声波传播速度。用一个应力已知且与被测构件材质与形状相同的构件作为应力基准，通过检测构件材料内部超声波传播速度的变化可以得知构件内部应力的拉压状态和具体数值。应力拉压状态，通常用"＋"表示拉伸应力，"－"表示压缩应力。

由于许多现场工况中的板厚度尺寸和杆棒轴类构件的轴向尺寸以及超声纵波或横波传播速度变化难以准确获得，所以将残余应力纵波和横波检测方法结合起来，可以在未获知构件板厚或轴向尺寸的前提下，获得超声纵波和横波传播方向上的应力状态和数值。

已知构件材料的零应力状态，则由声弹性原理可知被检测材料中纵波和横波传播方向上的应力 σ：

$$\sigma = \frac{T_L^2 T_{S0}^2 - T_S^2 T_{L0}^2}{\varepsilon_S T_S^2 T_{L0}^2 - \varepsilon_L T_L^2 T_{S0}^2} \tag{23-1}$$

式中：σ 为纵波和横波传播方向上的应力（MPa）；T_{L0} 为零应力纵波的声时（ns）；T_{S0} 为零应力横波的声时（ns）；T_L 为有应力纵波的声时（ns）；T_S 为有应力横波的声时（ns）；ε_L 为纵波声弹性系数（MPa^{-1}）；ε_S 为横波声弹性系数（MPa^{-1}）。

本方法所测到的应力是体波探头下面材料内部沿声波传播方向上应力的平均值，检测区域横向范围的大小取决于检测探头声激励和接收元件的横向截面尺寸，体波探头置于检测表面时，要求与被检测构件表面有效耦合，确保能独立地激发和接收超声纵波和超声横波。

2. 测试参考

《无损检测残余应力超声体波检测方法》（GB/T 38952—2020）。

3. 实验条件

复合材料的界面残余应力测定实验开始前需如实填写实验记录，主要将实验时间、实验操作人员及实验条件填写在表 23-1 中。

表 23-1　复合材料的界面残余应力的测定实验记录表

实验时间	
实验内容	复合材料的界面残余应力测定
实验环境	温度：　　℃；湿度：　　%
实验仪器及设备	超声体波探头、残余应力超声体波检测仪、温度传感器、固定辅助工装
实验所需材料	
实验操作人	

4. 实验步骤

（1）由声弹性理论计算被检测构件材料的纵波声弹性系数 ε_L 和横波声弹性系数 ε_S：

$$\varepsilon_L = \frac{\dfrac{4\lambda + 10\mu + 4m}{\mu} + (2l - 3 - 10\mu - 4m)/(\lambda + 2\mu)}{3\lambda + 2\mu} \qquad (23-2)$$

$$\varepsilon_S = \frac{\dfrac{\lambda n}{4\mu} + 4\lambda + 4\mu + m}{\mu(3\lambda + 2\mu)} \qquad (23-3)$$

式中:λ,μ 为二阶拉梅弹性常数;l,m,n 为三阶默纳汉弹性常数。

(2)基准零应力试样利用反复热处理制备,在热作用下通过原子扩散及塑性变形来促使内应力得到消减。

(3)对上述基准零应力试样进行超声纵波和横波检测,在指定位置上放置超声体波探头,当耦合状态稳定时,体波检测仪器开始检测工作,得到的声时即为零应力体波声时 T_{L0} 和 T_{S0}。温度传感器测量试块的温度。

(4)对构件的应力进行检测,在指定位置上放置超声体波探头,当耦合状态稳定时,体波检测仪器开始检测工作,在确保有清晰体波回波的基础上,正确截取波段,计算声时 T_L 和 T_S,得到体波传播方向上的应力数值和状态。正值表示拉应力,负值表示压应力(对零应力试块和构件进行检测的过程中,回波峰值应保证在体波检测仪满量程的 $60\% \sim 80\%$)。

(5)重复步骤(3)(4),得到 5 组数据。

5. 注意事项

(1)检测探头形廓应满足检测构件表面粗糙度,即体波探头有效地接收到底面的反射纵波和横波。

(2)被检测构件表面应清洁无污,体波探头与被检测构件表面的耦合状态应与声弹性系数标定及纵波声时和横波声时测量时的耦合状态基本一致。

(3)检测构件时的环境温度应在检测零应力试块时温度 $\pm 15\,℃$ 范围内,并对检测到的应力数值进行实时温度补偿和修正。如果超出该温度范围,应对零应力声时进行重新标定。

6. 实验结果

(1)将测得的零应力纵波的声时、零应力横波的声时、有应力纵波的声时、有应力横波的声时记录在表 23-2 中。

(2)计算断裂强力和断裂伸长率的算术平均值、标准差和离散系数。

表 23-2 数据记录及计算表

序号	零应力纵波的声时/ins	零应力横波的声时/ns	有应力纵波的声时/ns	有应力横波的声时/ns	界面残余应力/MPa
1					
2					
3					
4					

续表

序号	零应力纵波的声时/ins	零应力横波的声时/ns	有应力纵波的声时/ns	有应力横波的声时/ns	界面残余应力/MPa
5					
平均值					
标准差					
离散系数					

7. 实验结果分析与问题讨论

如何保证零应力试件内应力得到完全消除？

第5章 复合材料成型工艺实验

5.1 热压工艺成型实验

实验 24 复合材料模压成型工艺实验

1. 实验目的和原理

1) 目的

(1) 了解液压机的加压、加热工作原理。

(2) 掌握复合材料模压成型工艺的操作方法。

(3) 了解模压成型复合材料制品的特点。

2) 原理

模压成型工艺是将一定量的模压料放入金属对模中,在一定的温度和压力作用下将模压料固化成制品的一种方法。该工艺利用固化反应各阶段树脂的特性制备成品。当模压料在模具内被加热到一定温度时,树脂受热熔化成黏流状态,在压力作用下树脂包裹纤维一起流动直至填满模腔,此时为树脂的黏流阶段(A阶段);继续提高温度,树脂发生化学交联,相对分子质量增大,当分子交联形成网状结构时,其流动性很快降低,直至表现出一定的弹性,此时为凝胶阶段(B阶段);再继续加热,树脂交联反应也继续进行,交联密度进一步增加,最后失去流动性,树脂变为不溶的体型结构,此时到达了硬固阶段(C阶段)。模压工艺中上述各阶段是连续出现的,其间无明显界限,并且整个反应是不可逆的。

模压成型工艺的成型压力比其他工艺高,属于高压成型,因此它既需要有控制压力的液压机,又需要有高强度、高精度、耐高温的金属模具。模压成型的优点是生产效率高、制品尺寸精确、表面光洁、一次成型。其缺点是模具设计和制造较复杂,初次投资高,制件易受设备的限制,所以一般适用于大批量生产的小型复合材料制品。

不同模压料的模压成型工艺参数也不相同,表24-1列举了几种模压料成型工艺参数。

表 24-1 模压成型工艺参数参考表

模压料品种	成型压力/MPa	成型温度/℃	保温时间/min
酚醛	30~50	150~180	$2n$~$15n$
环氧酚醛类	5~30	160~220	$5n$~$30n$
聚酯类	2~15	引发剂的临界温度加40~70	$0.5n$~$1n$

注:n 为层合板厚度(mm)。

为便于脱模，一般模压时上模温度比下模温度高 5～10℃，保温结束后，一般在加压条件下逐渐降温。

需要特别说明的是，对于常用的酚醛树脂，当其处于 A 阶段时具有明显的 B 阶段性质，且由 B 阶段向 C 阶段转变只需加热就能完成。采用 A 阶段酚醛树脂浸渍玻璃纤维及其织物的预浸料被广泛用于制作模压玻璃钢制品，这种制品在电器、汽车、机械、化工等领域中占有重要地位。B 阶段酚醛树脂分子中每两个羟甲基要脱下一个水分子和一个甲醛分子，甲醛马上与树脂中苯环上的活性点反应又生成一个羟甲基，该羟甲基与另一羟甲基再反应脱下一个水分子和一个甲醛分子，如此持续下去最终交联进入 C 阶段。这一转化过程要放出水分，如果不在高压下进行，这些水分子在高温下形成水蒸气逸出来就会使树脂形成孔泡，导致产品性能下降。因此，酚醛树脂固化需在高温、高压下完成，并且在树脂凝胶之前需提起半个模具使之多次放气，这样即使有气泡缺陷形成，也还可以通过再加压方式弥补。

2. 测试参考

"复合材料模压成型工艺研究"[朱楠等,《纤维复合材料》,2020,37(2):33－35],"玻璃纤维预浸料制备板簧模压成型工艺研究"[蔡烨梦,孙树凯,《合成纤维工业》,2018,41(6):31－35],《长玻璃纤维增强聚丙烯复合材料模压成型工艺研究》(胡章平,湖南大学学位论文,2015)。

3. 实验条件

复合材料模压成型工艺实验开始前需如实填写实验记录，主要将实验时间、实验操作人员及实验条件填写在表 24－2 中。

表 24－2 复合材料模压成型工艺实验记录表

实验时间	
实验内容	复合材料模压成型工艺实验
实验环境	温度：　℃；湿度：　%
实验仪器及设备	油压机(液压机)、成型模具、电子天平、水浴搅拌器、烘箱、球磨机、粉碎机、剪切机、金属层剥离强度测试仪、测试夹具与仪器系统
实验所需材料	氨酚醛树脂乙醇溶液、玻璃纤维或玻璃织物
实验操作人	

油压机一般由主机架、油泵、油缸、活塞、工作平台、阀门、压力指示表、加热和温控系统等组成。通常一块工作平台是固定不动的，另一块则可上、下移动。

油压机的额定压力与指示表压之间的关系通常用下式计算：

$$P_c = 0.1 P_{max} \frac{\pi D^2}{4} \tag{24-1}$$

式中：P_c 为油压机的额定压力(kN)；P_{max} 为油缸所允许的最大压强(表压)(MPa)；D 为油缸活塞受压面直径(cm)。

用下式计算模腔中模压料所受压强：

$$p = p_{\mathrm{m}} \frac{\pi D^2}{4} \qquad (24-2)$$

式中：p 为模压料压强（MPa）；p_{m} 为油压机指示表压（MPa）；D 为油缸活塞受压面直径（cm）；S 为模压制品或模具型腔的投影面积（m^2）。

油塞受压面直径 D 往往大于滑块直径 d，d 被误认为是 D，若将 d 代入式（24-2）中，则会导致计算出的油缸最大压强大于油缸所允许的最大表压值，因此应特别注意。

4. 实验步骤

1）预浸料制备

（1）取酚醛树脂乙醇溶液（含胶量为 60%～65%）1 200 g，短玻璃纤维 1 000 g。将玻璃纤维剪成 20～40 mm 的短纤维（玻璃织物可剪成 20 mm ×20 mm 的碎片）。将两者在容器内混合（又称为捏合）。

（2）戴上乳胶手套在容器内揉搓，使短玻璃纤维充分浸润，该预浸料中树脂含量可达 40% 以上。注意：树脂太浓，纤维不能充分浸润；树脂太稀，纤维吸收不完。捞出晾干后的纤维上树脂含量偏低，纤维显现出疏松的状态。

（3）将疏松的浸上树脂的短纤维摊在平铝板上（或铁丝网上），然后将其放置在 80℃ 的烘箱中烘 30 min，使纤维既不发黏，其中挥发分（含乙醇溶剂）的总量又不高于 6.5%。

（4）将预浸料装入塑料袋封严待用。

2）模压成型实验

（1）模具准备。有封闭模腔的模具一般由阴、阳模组成，首先准确测量模具型腔的容积 V，然后在腔内涂脱模剂，确定没有遗漏后将阴、阳模同时预热到 170℃，保持 30 min。

（2）预浸料准备。计算预浸料质量 m：

$$m = (1 + \gamma)\rho V \qquad (24-3)$$

式中：γ 为损耗系数，一般取值为 0.05；ρ 为模压成型后制品的密度（g/cm^3）；V 为模具型腔容积或制品实占空间体积（cm^3）。

准确称取预浸料，精确到 0.1 g。模压料不应偏多或偏少，以免造成制品缺陷或产品尺寸不符合要求。

（3）预浸料预热。在 90～110℃ 的条件下预热预浸料 15 min，然后趁模具热、模压料软时向模腔添加预浸料，迅速合模，将模具置于油压机工作平台上，轻轻加压使模压料致密。

（4）初始加压。在 170℃ 高温下初压力不宜太高，以 5～10 MPa 为宜，加压 3～5 min 后将上模提起一点，第一次放气，此后每隔 1 min 就放气一次，质量或壁厚较大的制品，放气 3～5 次即可。同时，注意观察模具中挤出树脂的黏度变化。

（5）计算压强。按式（24-2）计算模腔中模压料的压强。

（6）持续加压。掌握加压时机，当流出来的树脂黏度变大，接近凝胶状态时，迅速升压，使压强达到 30～50 MPa，注意表压不应超过式（24-2）计算出的油缸所允许的最大压强；保温、保压 30～60 min，同时注意流胶状态。

（7）随机降温，当达 80℃ 以下时可以脱模、修毛边。

（8）目测模压制品的外观质量，测量其密度 ρ 和外观尺寸。如果需要用模压制品进行后续实验，则应将制品放于干燥器中待用。

5. 注意事项

(1)有的模压制品不容易从阴模中脱模,所以设计模具时要充分利用油压机下方的顶出杆帮助脱模。

(2)树脂太浓,纤维不能充分浸润;树脂太稀,纤维吸收不完。捞出晾干后的纤维上树脂含量偏低,纤维显现出疏松的状态。

6. 实验结果

将相关实验数据记录在表 24-3 中。

表 24-3　模压成型工艺数据记录表

实验设备(名称、型号、生产厂家):

预浸料			
树脂类型及用量			
乙醇用量			
纤维(织物)类型及用量			
烘干温度及时间			
模压成型工艺			
阶段	压力	温度	时间
A 阶段			
B 阶段			
C 阶段			
模压成型制品性质			
样品表面状态描述(包括平整度,是否有肉眼可见的气泡、分层现象)			

(1)记录实验过程中出现的现象,并分析出现此类现象的原因。

(2)根据实验过程及产品品质建立实验参数与产品品质的基本构效关系,并说明改进的方法。

(3)从不同角度对模压制品拍照,并将照片展示在报告中。

7. 实验结果分析与问题讨论

(1)如何控制预浸料的品质?

(2)模压设备的结构与主要组成是什么?简要说明模压成型压力大小设定原则与计算方法。

(3)复合材料制品成型的模具类型有哪些?模压实验使用的模具是溢式模、半溢式模还是不溢式模结构?

(4)总结复合材料的组成、工艺与制品结构、性能之间的关系。

实验 25　复合材料冲压成型工艺实验

1. 实验目的及原理

1）目的

(1)了解冲压机的工作原理。

(2)掌握复合材料冲压成型工艺的操作方法。

(3)了解冲压成型复合材料制品的特点。

2）原理

复合材料的冲压成型工艺一般分为固态冲压型和流动态冲压两种。工艺流程:片材剪裁→胚料预热→装模冲压成型→脱模修整→成品。

固态冲压和流动态冲压成型各有各的特点:固态冲压成型胚料容易铺放,自动化的程度比较高,速度快,成型的压力小,但缺点是不能压制形状复杂的制件;液态冲压成型的优点是可以压制形状复杂和带有金属嵌件的制品,但是其胚料不好铺放,且成型的压力要求较高。

2. 测试参考

"碳纤维增强热塑性复合材料盒形件热冲压成型研究"[韩宾,王宏,于杨惠文,等,《航空制造技术》,2017(16):40 - 45]。

3. 实验条件

复合材料冲压成型工艺实验开始前需如实填写实验记录,主要将实验时间、实验操作人员及实验条件填写在表 25 - 1 中。

表 25 - 1　复合材料冲压成型工艺实验记录表

实验时间	
实验内容	复合材料冲压成型工艺试验
实验环境	温度:　　℃;湿度:　　%
实验仪器及设备	下料剪裁设备、加热料片设备、冲压成型模具、冲压机
实验所需材料	
实验操作人	

4. 实验步骤

(1)下料设备及下料。热塑性片状模塑料的下料可用剪切机,如电锯等。下料时要根据制品厚度、体积及质量设计出片材的形状、层数和质量。

(2)加热炉及胚料预热。加热炉可以采用隧道连续加热式,也可使用间歇式烘房或烘箱,加热方式采用坯料上、下两面加热,加热温度要求能够自动控制调节,最高温度为

300℃，用红外线加热或热风加热。采用红外线加热时，注意选用的红外线波长适合树脂基体的要求（波长一般为 1.5～3.5 mm），以便最大限度地发挥加热炉的效率。加热时间一般控制在 90～180 s 之间。

（3）压机及压制工艺。压机分为机械式和液压式两种：一般大型制品和要求高的制品应选用液压式压机；小型制品可选用机械式压机。

（4）对冲压好的预成型样品进行降温，从而定型。

（5）定型完成后进行脱模。

5. 注意事项

（1）冲压成型过程中合模速度要快。

（2）模具要注意设计导线销、安全块、进气孔和循环水管。

6. 实验结果

（1）将相关实验数据记录在表 25-2 中。

表 25-2　冲压成型工艺数据记录表

实验设备（名称、型号、生产厂家）：

预浸料	
树脂类型及用量	
乙醇用量	
纤维（织物）类型及用量	
烘干温度及时间	

冲压成型工艺			
阶段	压力	温度	时间
A 阶段			
B 阶段			
C 阶段			

冲压成型制品性质	
样品表面状态描述（包括平整度，是否有肉眼可见的气泡、分层现象）	

（2）记录实验过程中出现的现象，并分析出现此类现象的原因。

（3）从不同角度对冲压制品拍照，并将照片展示在报告中。

7. 实验结果分析与问题讨论

（1）为何要求合模速度快？

（2）冲压设备的结构与主要组成是什么？

（3）冲压成型根据什么来选择固态冲压成型还是流动态冲压成型？

实验 26　复合材料层压成型工艺实验

1. 实验目的和原理

1）目的

（1）进行预浸布和层压板生产工艺操作训练，掌握层压板制作过程的技术要点。

（2）了解纤维织物铺层方式对层压板性能的影响。

2）原理

层压成型是把一定层数的浸胶布（纸）叠在一起送入多层液压机，在一定的温度和压力下将其压制成板材的工艺。层压成型工艺属于干法压力成型范畴，是一种主要的制备复合材料的成型工艺。目前，国内外平板绝缘材料基本上是采用层压成型工艺生产的。不同层压方式可以生产不同用途的板材和大型结构的平行试样，用此工艺生产的复合材料制品还有印刷电路敷铜板、纺织器材、管材、鱼竿、木材三合板和五合板等。

层压工艺采用的树脂包括环氧树脂、酚醛树脂、不饱和聚酯树脂，其基本流程工艺如下：玻璃织物高温脱蜡→偶联剂处理→烘干→浸胶→烘至 B 阶段→收卷→剪裁→预浸布→铺层→层压→脱模修边。

层与层之间完全靠加温、加压固化的树脂粘在一起，从而形成具有一定厚度的板。生产中除温度、压力外，预浸布中树脂含量也是一个重要因素。

浸胶织物的用量可用下式计算：

$$m = \rho A h \tag{26-1}$$

式中：m 为浸胶织物的质量（g）；ρ 为层压板的密度（g/cm³）；A 为层压板的面积（cm²）；h 为层压板预定厚度（cm）。

2. 测试参考

"连续玻纤增强聚丙烯混纤纱织物层压成型工艺研究"［曾铮，郭兵兵，孙天舒，等，《玻璃钢/复合材料》，2018（1）：79 - 84］。

3. 实验条件

复合材料层压成型工艺试验开始前需如实填写实验记录，主要将实验时间、实验操作人员及实验条件填写在表 26 - 1 中。

表 26 - 1　复合材料层压成型工艺实验

实验时间	
实验内容	复合材料层压成型工艺实验
实验环境	温度：　　℃；湿度：　　%
实验仪器及设备	浸胶机、层压机（油压机）、不锈钢薄板、树脂、玻璃布等
实验所需材料	
实验操作人	

浸胶机如图 26 - 1 所示，包括布架、脱蜡炉、偶联剂浸槽、烘干炉、浸胶槽、控胶辊、后烘

干炉、收卷架等部分。

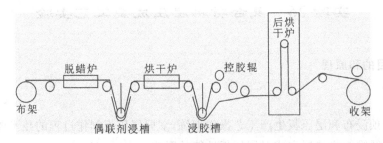

图 26-1 玻璃布浸胶机示意图

若没有浸胶机，亦可用手工法浸胶。其方法是，将玻璃织物剪成一定大小的方块，然后高温脱蜡，浸偶联剂，晾干或烘干；将其放在胶槽中浸透树脂，然后用圆管夹住玻璃织物；再将玻璃织物提抽而过，最后烘至 B 阶段，待用。这样做的缺点是预浸织物含胶量不均匀。

4. 实验步骤

1) 制作预浸布

(1) 选择玻璃布。国内的玻璃布分有碱和无碱两种，制层压板的多是无碱玻璃布。玻璃布按其规格分号，牌号越大，厚度和面密度也越大，例如 13♯布的单位面积质量为 160 g/m², 18♯布的单位面积质量为 240 g/m²。注意玻璃布的经纬密度。布宽有 900 mm 和 1 200 mm 等多种。

(2) 配置偶联剂水溶液。一般偶联剂溶液的浓度为 1‰～3‰。如果是酚醛树脂，则偶联剂选用 KH-550；如果是环氧树脂，则用 KH-550 或 KH-560 作偶联剂；如果是不饱和聚酯树脂，偶联剂最好用 KH-570，一定不能用 KH-550。

(3) 配制树脂。树脂要有明显的 B 阶段，并且将预浸布在常温下存放 5～7 d。这里提供三个配方：①氨酚醛树脂的乙醇溶液，胶含量为 60%；②环氧树脂(E-44)与胶含量为 60%～65% 的氨酚醛树脂按质量比为 1:1 混合，经 80℃ 搅拌反应后脱水 60～90 min，加少量丙酮调至含胶量为 60%；③184♯ 或 199♯ 不饱和聚酯树脂在聚合完毕时不加苯乙烯稀释就直接出料，冷却为固体，取 100 份(质量，下同)该树脂用 40 份丙酮溶解，然后加入 15～20 份邻苯二甲酸二丙烯酯(DAP)、2 份过氧化二异丙苯、0.3 份过氧化苯甲酰，搅匀即可。

(4) 制备浸胶布。将脱蜡炉温度调至 400～430℃，偶联剂烘炉调至 110～120℃，胶槽后的烘炉调至 70～90℃，然后开机预浸。在收卷处取样分析其挥发分、胶含量和不溶性树脂含量。若布发黏，收卷后不易退卷，应提高后炉温度；若挥发分过高，不溶性树脂含量低于 3%，也应提高后炉温度；反之要降低温度。含胶量由控胶辊的压力装置控制，一般为 33%～37%。浸胶布牵引速度对上述三个指标亦有影响，一般控制在 1.0～3.0 m/min 为宜，但不能一概而论，因为牵引速度受很多因素影响，如脱蜡炉的长度、浸胶槽的形式、浸渍时间、后炉温度以及树脂种类等。

(5) 将浸胶制品收卷密封装袋，待用。

2) 层压成型

(1) 将浸胶布放在洁净平台上铺平，按规定尺寸剪裁，注意经纬方向。

(2) 按式(26-1)计算浸胶布用量，用 15 mm，10 mm 以及 4 mm 厚的板各压制一块复合材料，以备其他实验用。

（3）将单片预浸布按预定次序逐层对齐叠合，在其上、下面各放一张聚酯膜，并将其置于两个不锈钢薄板之间，将不锈钢薄板和预浸布一起放入层压机中。不锈钢板应对齐，以免压力偏斜导致试样厚度不均。

（4）分三个阶段加热、加压：预热阶段的温度为 100℃，压力为 5.0 MPa，保温 30 min；保温保压阶段将温度升到 165～170℃，压力为 6～10 MPa，保持 60～80 min；降温阶段应保压降温，待温度低于 60℃后可卸压、脱模、取板。

3）脱模修边

最后脱模修边，目测层压板的品质。

5. 注意事项

（1）偶联剂注意要最好用 KH-570，一定不能用 KH-550。

（2）浸胶布的质量指标也往往随层压制品的要求改变，不要将某些指标（如含胶量 35%左右）看成是一成不变的。产品千变万化，浸胶布的质量指标最终还是要由产品要求来确定。

6. 实验结果

（1）将相关实验数据记录在表 26-2 中。

表 26-2 层压成型工艺数据记录

实验设备（名称、型号、生产厂家）：

预浸料配方	
型　号	用　量
纤维	
树脂	
助剂	
预浸料铺层	
铺层方法	层　数

层压工艺参数			
阶　段	压　力	温　度	时　间
预热阶段			
保温保压阶段			
降温阶段			

脱模容易程度：	
层压制品质量表征	
样品表面品质描述（包括平整度，是否有肉眼可见的气泡、分层现象）	

（2）记录实验过程中出现的现象，分析出现此类现象的原因。

（3）根据实验过程及产品品质建立实验参数与产品品质的基本构效关系，并说明改进的方法。

（4）从不同角度对层压成型制品拍照，并将其展示在报告中。

7. 实验结果分析与问题讨论

（1）层压板可能出现哪些缺陷？如何解决这些问题？

（2）层压板加压是否也有时机问题？

（3）如何用铺放层数计算层压板制品厚度？

（4）简要说明层压成型的温度梯度、压力梯度的设计原理与方案。

实验 27　复合材料热压罐成型工艺实验

1. 实验目的和原理

1）目的

（1）了解复合材料热压罐成型工艺的实验原理及过程。

（2）了解排布机和热压罐等设备的组成、用途，以及使用方法和注意事项。

（3）理解复合材料成型工艺原理和工艺控制理论。

2）原理

热压罐成型一直是航空航天领域生产高性能复合材料构件最重要的制备方法，占整个复合材料产量的 80% 以上。复合材料热压罐成型工艺实验包括树脂胶液配置、预浸料制备与基本特性测试、预浸料裁剪贴铺封装、复合材料成型等过程。

2. 测试参考

"先进复合材料热压罐成型技术"［苏鹏，崔文峰，《现代制造技术与装备》，2016（11）：165 - 166］，"复合材料热压罐成型工艺实验教学探讨"［李艳霞，顾轶卓，李敏，《实验室研究与探索》，2015，34（5）：186 - 188，223］。

3. 实验条件

复合材料热压罐成型工艺实验开始前需如实填写实验记录，主要将实验时间、实验操作人员及实验条件填写在表 27 - 1 中。

表 27 - 1 复合材料热压罐成型工艺实验记录表

实验时间	
实验内容	复合材料热压罐成型工艺实验
实验环境	温度：　　℃；湿度：　　%
实验仪器及设备	烘箱、冰箱、天平、电吹风、TPJ - 2 型排布机、热压罐、温度与压力监测设备等实验所需材料
实验操作人	

4.实验步骤

(1)树脂胶液配制。树脂采用环氧树脂,其 A、B 组分质量比为 500∶461,按照配比用 2 L 烧杯配制环氧树脂 200 g,并混合均匀;先向树脂中加入 100 mL 丙酮,再将树脂稀释到容易流动的状态;稀释后将树脂倒入量筒中,密度计测量密度,控制丙酮加入量,配制胶液密度到 0.966 g/cm³。

(2)预浸料制备。采用 TPJ - 2 型排布机制作湿法预浸料。排布过程中,胶液密度为 0.966 g/cm³,辊筒转速一般定在 10 r/min,通过调节张紧力和纱间距,使排布过程中不出现纤维搭接和缝隙,如张紧力过大,会导致预浸布取下后纤维回缩,发生聚集打弯,所以一般先将纤维张紧力调节合适,再调节纱间距,从而减少纤维搭接和缝隙的出现。

(3)预浸料铺层设计、裁剪、铺叠、封装。

(4)温度与树脂压力在线监测。

(5)热压罐工艺制备复合材料。首先,用细颗粒砂纸打磨热压罐载物车铁板表面,棉纱蘸丙酮擦拭干净,保证表面质量;其次,先在模板上铺敷一层隔离膜,再将铺叠好的预浸料叠层放置在模板上,四周需要用挡胶条挡好,防止出现流胶现象,同时需要在层板周边用带孔四氟布条作为层板固化过程中导气通路放置于挡胶条四周;然后,铺放隔离膜和吸胶材料;最后,依次铺放透气毡、密封胶条、真空薄膜、真空嘴和打真空袋。打开热压罐操作系统中的真空泵,抽真空到 -0.1 MPa,停止抽真空,若袋子能保真空 95 kPa 以上 1 min 不降低,可认为真空袋密封良好,将载物车推入热压罐内,并在模板上贴一根热电偶测量模具和罐内热空气的温度差,以便在成型过程中根据模具的温度随时调节温度和压力制度,确定加压时机。关闭罐门,设置工艺参数进行固化,固化过程中要始终注意罐内压力和温度变化,确保热压罐运行安全。按照固化制度固化完成后,开罐取出层板。通过敲击、目测以及厚度测量,分析层板的成型固化质量。

5.注意事项

(1)树脂含量是评价预浸料的主要性能指标,要控制好胶液密度、纤维张紧力和辊筒转速。

(2)为了方便铺层,可用电吹风或电熨斗加热预浸料,将变软的预浸料按照预设的铺层顺序在模具上铺贴。

(3)预浸料铺贴时应保证其与模具面贴合。

(4)拐角处铺贴时要特别注意与模具完全贴合和层间贴合,防止架桥。

6.实验结果

(1)将相关实验数据记录在表 27 - 2 中。

表 27 - 2　热压罐成型工艺数据记录表

实验设备(名称、型号、生产厂家):_____

预浸料配方	
材　料	用　量
纤　维	

续表

预浸料配方		
树脂		
预浸料铺层		
铺层方法	层 数	

层压工艺参数			
阶 段	压 力	温 度	时 间
抽真空预压实阶段			
固化阶段			

脱模容易程度：

层压制品质量表征	
样品表面品质描述（包括平整度,是否有肉眼可见的 气泡、分层现象）	

（2）记录实验过程中出现的现象,分析出现此类现象的原因。

（3）根据实验过程及产品品质建立实验参数与产品品质的基本构效关系,并说明改进的方法。

（4）从不同角度对层压成型制品拍照,并将其展示在报告中。

7. 实验结果分析与问题讨论

（1）如何控制预浸料的品质？

（2）总结复合材料的组成、工艺与制品结构、性能之间的关系。

（3）热压罐的组成部分有哪些？

5.2 液体成型工艺实验

实验 28 真空辅助树脂注入成型工艺实验

1. 实验目的和原理

1）目的

（1）学习真空辅助成型工艺的原理。

（2）掌握真空辅助成型工艺的操作方法和技术要点。

2）原理

真空辅助成型也称真空导入、真空灌注、真空注射等。首先利用真空泵从模具型腔的纤维增强体中抽出空气,保持纤维增强体处于真空状态;然后将树脂注入模具型腔,使树脂在纤维增强体中流动和渗透,完成树脂浸润纤维增强体后在室温下或加热状态下固化;最后进行后处理,得到树脂和增强纤维比例达标的复合材料。真空灌注成型工艺操作简单,既能有效地降低工人的劳动强度,又能改善工作环境,而且由于整个成型装置是真空密封的,所以操作人员与有害物质的接触大大减少。真空灌注成型不仅能够保证产品中树脂的含量,而且成型过程基本不受人为因素的影响,产品孔隙少,重现性能好,质量稳定性高,同时表观质量较好。

真空辅助工艺能被广泛应用是有其理论基础的,即达西定律:

$$Q = -\frac{K}{\eta} \cdot A \cdot \frac{\Delta P}{\Delta L} \qquad (28-1)$$

式中:Q 为流过截面 A 的体积流量;$\Delta P/\Delta L$ 为流体在 ΔL 流距上的压力梯度;η 为流体黏度;K 为多孔介质的渗透率张量,该物理量反映了流体在多孔介质中流动的难易程度,K 值大说明浸润好。因此,为了使树脂在增强材料被压实的情况下方便地充满体系,一般会人为设置一些导流槽,比如在夹心泡沫上下打孔等。

真实辅助成型工艺示意如图 28-1 所示。

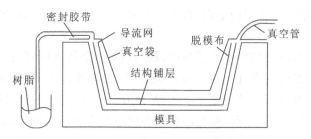

图 28-1　真空树脂灌注体系示意图

2. 测试参考

"真空灌注成型条件及应用研究"[张婷,贺辛亥,郭志昂,等,《上海纺织科技》,2019(4):43-45],"真空导入模塑成型工艺的研究进展"[《材料导报》,2013(17):17-21]。

3. 实验条件

复合材料真空辅助树脂注入成型(Vacuum Assisted Resin Injection,VARI)工艺试验开始前需如实填写实验记录,主要将实验时间、实验操作人员及实验条件填写在表 28-1 中。

表 28-1　复合材料真空辅助树脂注入成型(VARI)工艺实验记录表

实验时间	
实验内容	真空辅助树脂注入成型(VARI)工艺实验
实验环境	温度:　　℃;湿度:　　%
实验仪器及设备	烘箱、真空泵、压力表树脂罐、模具等
实验所需材料	碳纤维(一般常用的是玻璃纤维和碳纤维,具体要根据力学设计要求选择;选用增强材料时最好测试一下其渗透性;纤维在制造过程中选用的浸润剂和黏结剂会对树脂的浸润性产生影响,导致最终制品的力学性能有很大差异)、树脂带专用固化剂(真空导入工艺所用的树脂不能用普通的树脂来代替,它对黏度、凝胶时间、放热峰以及浸润性等有特殊的要求,具体可咨询树脂供应商)、真空袋、导流网、导流管、脱模剂、撕下层、透气毡、脱模布等
实验操作人	

4. 实验步骤

(1)准备模具:和其他工艺一样,高质量的模具也是必备的,模具表面要有较高的硬度和较好的光泽,并且模具边缘至少保留 15 cm,便于铺设密封条和管路;清理模具表面的残留物,用丙酮清洁表面,并在模具上涂至少 3 遍脱模剂,每遍的间隔时间至少为 15 min,然后再进行烘干或干燥。

(2)铺设增强材料:根据制品强度要求选择增强材料(玻璃纤维、碳纤维、夹芯材料),增强材料的选择对成型工艺来说是很重要的一步,虽然所有织物都可以用,但不同的材料和织造方法会影响树脂的流速。

(3)铺设其他材料:先铺上脱模布,然后铺导流布,最后铺真空袋;在合上真空袋之前,要仔细考虑树脂和抽真空管路的走向,否则会有树脂无法浸润的地方;铺设时要非常小心,避免尖锐物刺破真空袋。

(4)抽真空:铺完这些材料后,夹紧各进树脂管,对整个体系抽真空,尽量把体系中空气抽完,并检查整个体系的气密性。这一步很关键,如有漏气点存在,当导入树脂时,空气会进入体系,气泡会从漏气点向其他地方渗入,甚至有可能导致整个制品报废。

(5)配制树脂:准备树脂,按凝胶时间配入相应的固化剂,切记不能忘加固化剂,否则很难弥补;一般真空导入的树脂中含有固化指示剂,可以从颜色上来判断是否加了固化剂。

(6)导入树脂:按比例配好后,倒入树脂脱泡搅拌器中,控制真空度不小于 0.08 MPa,打开搅拌装置,进行搅拌脱泡,不少于 30 min;树脂搅拌脱泡完成后,将注口的树脂管插入树脂桶固定,打开注口的开关进行充模。

(7)根据进料顺序依次打开夹子,注意导入树脂的量,必要时及时补充,两端冒口出树脂后将冒口关闭,待 3～5 min 后将注口关闭,充模完成,进行固化。

(8)脱模:将固化好的制件进行脱模,同时清理模具;对制件的边角进行切割,对表面进行打磨处理。

5. 实验结果

(1)将相关实验数据记录在表 28-2 中。

表 28-2 真空导入成型数据记录表

样品名称	
树脂	
固化剂	
增强材料	
夹芯材料	
真空度	
制品品质描述(包括表面平整度包括表面平整度,是否有肉眼可见的气泡,分层现象)	

(2)记录实验过程中出现的现象,并分析出现此类现象的原因。

(3)根据实验过程及产品品质建立实验参数与产品质量的基本构效关系,并说明改进的方法。

(4)从不同角度对真空导入制品拍照,并将照片展示在报告中。

6. 实验结果分析与问题讨论

(1)真空辅助成型工艺有哪些优势?

(2)真空辅助成型工艺中哪些参数是影响制品质量的主要因素?

(3)真空辅助成型工艺对增强体、基体的要求是什么?

(4)真空辅助成型工艺可以与复合材料的哪些成型工艺联合使用? 试推测其效果。

实验 29　树脂传递模塑成型工艺实验

1. 实验目的和原理

1)目的

(1)了解树脂传递模塑(Resin Transfer Molding,RTM)成型工艺的技术要点、操作流程。

(2)了解 RTM 成型设备构造和各部分作用。

(3)完成典型产品的 RTM 成型工艺设计说明书。

2)原理

树脂传递模塑成型是从湿法铺层和注塑工艺中演变而来的一种新的复合材料成型工艺,是介于手糊法、喷射法和模压成型之间的一种对模成型法,RTM 工艺可以生产出两面光的制品。属于这一工艺范畴的还有树脂注射(resin injection)工艺和压力注射(pressure infection)工艺。

RTM 的基本流程是在模具的型腔内预先放置增强材料(包括螺栓、螺帽、聚氨酯泡沫塑料等嵌件),合模夹紧后,在一定温度及压力下,从设置于适当位置的注入孔,将配好的树脂注入模具中,使之与增强材料一起固化,最后启模、脱模得到成型制品。对于小制件可以单点注射,大制件可以多点同时注射。其未来发展方向包括:微机控制注射机组,增强材料预成型技术,降低模具成本,研发树脂快速固化体系,提高工艺稳定性和适应性,等等。

2. 测试参考

"RTM 工艺优化及制备碳纤维复合材料的力学性能"[徐乾倬,时卓,鲁振宏,等,《沈阳理工大学学报》,2020,39(6):4]。

3. 实验条件

复合材料树脂传递模塑成型(RTM)工艺实验开始前需如实填写实验记录,主要将实验时间、实验操作人员及实验条件填写在表 29-1 中。

表 29-1　复合材料树脂传递模塑(RTM)成型工艺实验记录表

实验时间	
实验内容	树脂传递模塑(RTM)成型工艺实验
实验环境	温度:　　℃;湿度:　　%

续表

实验仪器及设备	RTM 成型设备主要有树脂压注机和模具。 　树脂压注机由树脂泵、注射枪组成。树脂泵是一组活塞式往复泵,最上端是一个空气动力泵。当压缩空气驱动空气泵活塞上下运动时,树脂泵使桶中树脂流经流量控制器、过滤器,定量地抽入树脂贮存器,侧向杠杆使固化剂泵运动,将固化剂定量地抽至贮存器。压缩空气充入两个贮存器,产生与泵压力相反的缓冲力,保证树脂和固化剂能稳定地流向注射枪头。注射枪口后有一个静态紊流混合器,可使树脂和固化剂在无气状态下混合均匀,然后树脂和固化剂经枪口注入模具,混合器后面设有清洗剂入口,它与一个有 0.28 MPa 压力的溶剂罐相连,机器使用完后,打开开关,溶剂自动喷出,将注射枪清洗干净。 　RTM 模具分玻璃钢模具、玻璃钢表面镀金属模具和金属模具3种。玻璃钢模具容易制造,价格较低。聚酯玻璃钢模具可使用 2 000 次,环氧玻璃钢模具可使用 4 000 次,表面镀金属的玻璃钢模具可使用 10 000 次以上。金属模具在 RTM 工艺中很少使用,一般来讲,RTM 的模具费仅为片状模塑(SMC)的 2%~16%。
实验所需材料	碳纤维(常用材料有无碱玻璃纤维制品、短切纤维毡、连续毡、复合毡、功能毡、无捻粗纱布、表面毡以及玻璃纤维织物等)、树脂带专用固化剂(因注射成型是在密闭的模具中进行,固化时不可能施加外力和排逸低分子物,故只能使用无溶剂和聚合时无低分子物析出的树脂体系。树脂须具有较低的黏度和较长的使用期,保证在凝胶前充满整个模具,常用的是不饱和聚酯树脂,一些对强度或其他性能有特殊要求的场合,则多采用加温固化的环氧树脂、乙烯基聚酯树脂或丁二烯树脂等)、脱模剂、撕脱模布等
实验操作人	

4.实验步骤

1)实验准备

(1)剪一块玻璃布并称重。

(2)清理模具上下表面及各浇口,涂脱模剂。

(3)把玻璃布放入模具中,盖上上模,拧紧螺栓。

(4)按比例在树脂中加入促进剂,然后放入供料容器中。

(5)将固化剂倒入固化剂瓶中,固化剂瓶高度至少要高于出料口 5 cm。

(6)将提料管插入供料容器中,调节气压阀使材料泵缓慢运动,直到清澈的树脂从回流管流出。

(7)选择固化剂比例,拔出固化剂泵上端连接件的销子,将此端对准所选固化剂比例值的位置,插入销子,再拔下固化剂泵下端连接件上的销子,固定在与上端相同的位置。

(8)用手上下抽动固化剂泵臂,使固化剂从回流管中流出进入固化剂瓶中,连续抽动,直到无气泡且稳定地流出固化剂。

2)RTM 注射

(1)将注射枪上的阀门和固化剂阀门置于注射位置。

(2)将主机控制面板上的注射回流开关置于注射位置。

(3)设置好固化剂的位置。

(4)按住注射枪上的气动阀门,开始注射。

(5)释放注射枪上气动阀门,停止注射。清洗枪头,步骤为气净→丙酮清洗→气净。

(6)完成以上步骤后,将注射枪上的阀门置于回流的位置。

(7)需要注意的参数:①在胶衣涂布和固化的工序中,胶衣厚度一般为 $400\sim500~\mu m$; ②在纤维及嵌件等铺放过程中,一般使用预成型坯;③合模压缩的程度因使用纤维增强材料的种类、形态、纤维含量而变化,对于短切纤维预成型坯,如果纤维体积含量为 15%,则合模压力约为 $49\sim78$ kPa。

(8)RTM 注射工艺参数调控:①注胶压力。模具的压力要与模具的材料和结构相匹配,较高的压力需要高强度、高刚度的模具和较大的合模力,如果较高的注胶压力与较低的模具刚度结合,制造出的制件品质就差。②注胶速度。注胶速度取决于树脂对纤维的润湿性、树脂的表面张力及黏度,受树脂的活性期、压注设备的能力、模具刚度、制件的尺寸和纤维含量的制约。充模的快慢对 RTM 工艺制品的品质影响也不可忽略。由于树脂完全浸渍纤维需要一定的时间和压力,较慢的充模压力和一定的充模反压有助于改善 RTM 的微观流动状况。③注胶温度。温度高会缩短树脂的工作期,温度低会使树脂黏度增大,从而导致压力升高,阻碍树脂正常渗入纤维,温度高也会使树脂表面张力降低,使纤维床中的空气受热上升而排出气泡。因此,在未大幅缩短树脂凝胶时间的前提下,为使纤维在最小的压力下充分浸润,注胶温度应尽量接近树脂黏流时的最小温度。

3)后整理

(1)确保清洗剂压力调节阀门关闭,压力表指针在最小处,将阀门旋钮逆时针转到底。

(2)慢慢拉起释放阀,小心泄掉清洗罐中的压力。

(3)当清洗罐中的压力全部泄掉后打开顶盖,倒入适量的丙酮清洗,盖上顶盖。

(4)将压力阀顺时针调节到合适范围。

(5)将注射头对准一个合适的容器,交替打开清洗罐上的空气球阀与丙酮球阀,反复清洗枪头,直到清除枪体中所有残余溶剂。

4)卸模

(1)松开螺栓。

(2)拧紧卸模螺栓,使上下模分离,取出成品板。

(3)去除多余固化树脂,称量计算树脂含量。

(4)清理模具。

5.实验结果

(1)将相关实验数据记录在表 29-2 中。

表 29-2　RTM 工艺数据记录表

原料			
树脂(名称、型号)		树脂黏度	
纤维(名称、型号)		纤维长度	
促进剂(名称、型号)		引发剂(名称、型号)	

续表

固化剂		胶衣	
具体配方			
RTM 成型工艺参数			
注胶压力		注胶速度	
注胶温度		环境温度	
喷射成型制品品质粗检			
	品质优劣	产生原因	预防方法
分层与气泡			
喷射成型制品品质粗检			
	品质优劣	产生原因	预防方法
表面气孔			
外观一致性			
表面粗糙度			
皮层厚度的均匀性			
皮层鳞片或剥离			
制件收缩			

（2）记录实验过程中出现的现象,分析出现此类现象的原因。

（3）根据实验过程及产品品质建立实验参数与产品品质的基本构效关系,并说明改进的方法。

（4）从不同角度对喷射成型制品拍照,并将照片展示在报告中。

6.实验结果分析与问题讨论

（1）RTM 工艺具有那些特点?

（2）哪些制品适合选择 RTM 工艺?

（3）影响 RTM 制品的主要参数有哪些?

（4）简述 RTM 仪器设备的维护须知。

（5）RTM 工艺流程中希望在较低压力下完成树脂压注,RTM 压注时应如何降低压力?

5.3 其他成型工艺实验

实验 30 复合材料缠绕成型工艺实验

1.实验目的和原理

1)目的

（1）了解缠绕机的构造和各部分的作用。

（2）了解缠绕工艺的基本特点、规律和线型。

（3）掌握缠绕工艺参数对产品质量的影响,并能根据产品模型初步设置工艺参数。

（4）学会撰写缠绕工艺过程说明书,包括原料选择、配方确定、缠绕工艺参数选择、模具设计、缠绕成型工艺设计等。

2)原理

缠绕成型法是一种机械化程度比较高的复合材料成型工艺,最能体现复合材料的优点。缠绕法制得的产品强度高(可超过钛合金),这是因为该法在制造过程中可根据制品的受力情况,合理设计缠绕规律。该成型工艺适宜制造大型化工贮罐、铁路槽车以及受压容器等。

纤维缠绕成型工艺的过程是将经表面处理的连续玻璃纤维合股毛纱或玻璃织物浸渍在树脂胶液中,使树脂均匀覆盖在织物表面,然后将其按一定规律连续地缠绕在芯模(内衬)上,层叠成所需厚度,随后加热固化或常温固化,最后脱除芯模(若芯模为内衬,则不必脱除)即得制品。

缠绕工艺可分为湿法、干法和半干法。

湿法是将无捻纤维浸渍树脂后直接缠绕在芯轴(内衬)上。湿法缠绕成型的优点:①成本比干法缠绕低 40%;②产品气密性好,这是因为缠绕张力使多余的树脂胶液将气泡挤出,并填满空隙;③纤维排列平行度好;④缠绕过程中,纤维上的树脂胶液可减少纤维磨损;⑤生产效率高(达 200 m/min)。湿法缠绕成型的缺点:①浪费树脂,操作环境差;② 产品含胶量及质量不易控制;③ 可供湿法缠绕的树脂品种较少。

干法缠绕成型是将浸渍了树脂的纤维加热,使树脂预固化到 B 阶段,缠绕时在纤维未进入丝嘴之前,需将树脂加热软化至黏流状态后再缠绕到芯模上。干法工艺用在产品质量和品质要求十分严格的场合。干法缠绕工艺的最大特点是生产效率高,缠绕速度可达 100～200 m/min。此外,其优点还有缠绕机洁净、劳动卫生条件好、产品质量高等。其缺点是缠绕设备贵,需要增加预浸纱制造设备,故投资较大,干制品的层间剪切强度较低。

半干法缠绕是在纤维浸胶后到缠绕至芯模的过程中增加了一套烘干设备,将浸胶纤维中的溶剂除去。与干法相比,该工艺省去了预浸胶工序和相应设备;与湿法相比,该工艺可使制品中的气泡含量降低。

2. 测试参考

《纤维增强材料试验板制备方法》(GB/T 27797.5—2011)。

3. 实验条件

复合材料缠绕成型工艺实验开始前需如实填写实验记录,主要将实验时间、实验操作人员及实验条件填写在表 30-1 中。

表 30-1 复合材料缠绕成型工艺实验记录表

实验时间	
实验内容	复合材料缠绕成型工艺实验
实验环境	温度: ℃ ;湿度: %
实验仪器及设备	缠绕实验机、芯模、浸胶槽、纤维支架、干燥箱
实验所需材料	无捻玻璃纤维纱、树脂胶液
实验操作人	

4. 实验步骤

(1)结构设计:①内衬层。管道的内衬层在管道防渗漏与耐腐蚀方面起着关键作用,它是一层富树脂层,树脂含量为 90%左右,用 10%的表面毡作加强材料,表面毡厚度为

1.55～2.5 mm。②结构层。该层为纤维缠绕层,它是产品强度与刚度的关键,树脂含量为30%左右。③外保护层。该层是管道的最外层,完全由树脂组成,其作用是防止管道受环境中腐蚀性介质的侵蚀。另外,该层中加有抗老化剂,起抗老化及延长管道使用寿命的作用。

(2)胶液配制:按配方在常温下配制胶液,控制胶液黏度及浓度。

(3)浸胶:浸胶过程一般在卧式浸胶槽中进行,浸渍完成后在 130℃ 左右烘干,所得浸胶材料若不经干燥直接用来缠绕则为湿法缠绕,经干燥后再缠绕则为干法缠绕。浸胶材料的含胶量为 40%～50%,挥发分含量为 5%～7%,可溶性物质含量小于 1%,固化度大于 99%。

(4)缠绕成型:缠绕时温度一般为(60±5)℃,缠绕线速度约为 25 m/min。缠绕时的张力对制品品质有明显影响,因此要严格控制。例如,对 120 股纱的浸胶材料,其缠绕起始张力环向不低于 98 N,纵向不低于 78 N,每二层环向递减 9.8 N,纵向递减 4.9 N。缠绕过程中,浸胶材料的排布轨迹应根据所制化工设备或其他制品的性能要求专门进行设计。

(5)固化:缠绕完毕要进一步加热固化,具体加热温度随胶液种类不同而有所不同。例如,对于双酚 A 环氧树脂/616♯酚醛树脂(7/3)混合胶液,其固化条件为:以 0.5℃/min 的升温速度升高至 110℃,保温 1 h,再以 0.5℃/min 的升温速度升高至 160℃,保温 5 h,最后自然冷却。

(6)脱模及后处理:固化后冷却脱模,并对制品进行打磨等后处理。

5. 注意事项

(1)用于制备试验板的粗纱可直接使用,不需要预先调节。

(2)当浸胶槽的温度保持在 50℃ 以上时,建议芯模也尽可能保持在此温度。

(3)如果所用芯模上没有供切割的槽口,在芯模的两端固定一塑料棒,以便于试验板脱模,并防止切割试验板时损伤芯模。

6. 实验结果

(1)将相关实验数据记录在表 30-2 中。

表 30-2　缠绕成型工艺数据记录表

样品名称	
缠绕机型号及厂家	
纤维及预处理工艺	
树脂基配方	
缠绕工艺参数(线速度、缠绕角、丝束张力)	
固化条件(固化剂、温度、时间)	
缠绕成型制品品质描述(包括平整度、是否有肉眼可见的气泡、分层现象)	

(2)记录实验过程中出现的现象,并分析出现此类现象的原因。

(3)根据实验过程及产品品质建立缠绕成型参数与产品品质的基本构效关系,并提出改进的方法。

(4)从不同角度对缠绕成型制品拍照,并将照片展示在报告中。

7. 实验结果分析与问题讨论

(1)纤维缠绕成型工艺的特点是什么？

(2)纤维螺旋缠绕的主要技术参数有哪些？其主要影响是什么？

(3)纤维缠绕的模具一定是凸形的吗？凹形的模具是否能缠绕成型？请设想一下对凹形模具缠绕纤维的方法。

(4)简要介绍一种你所了解的缠绕成型的复合材料制品，并搜集其工艺参数。

实验 31　复合材料注塑成型工艺实验

1. 实验目的和原理

1)目的

学习制定科学的复合材料配方，熟悉双螺杆共混挤出造粒操作流程，掌握注塑成型工艺的操作方法和技术要点。

2)原理

热塑性复合材料受热会软化且在外力作用下可以流动，在冷却后又能转变为固态，而塑料的原有性能不发生本质变化。注塑成型是一种重要的热塑性材料成型方法，塑料在外部设备加热及螺杆对物料的摩擦升温作用下熔化成流动状，在螺杆推动作用下，塑料熔体通过喷嘴注入温度较低的封闭模具型腔中，冷却定型为所需制品。

注射成型时，物料主要经历的是一个物理变化过程。物料的流变性、热性能结晶行为以及定向作用等因素对注射工艺条件及制品性质都会产生很大影响。采用注塑成型可以制作各种不同的塑料，得到质量、尺寸、形状不同的塑料制品。

注塑成型工艺参数包括注塑成型温度、注射压力、注射速度以及时间等。要想得到满意的注塑制品，涉及的生产因素有注塑机的性能、制品的结构设计和模具设计、工艺条件的选择和控制。直接影响塑料熔体流动行为、塑料塑化状态和分解行为的因素都影响塑料制品的外观和性能，如果塑料成型工艺参数选择不当，会导致制品性能下降，甚至不能制成一个完整的产品。

在整个成型周期中，注射时间和冷却时间最重要。它们对制品的质量有决定性作用，注射时间中的充模时间与注射充模速度成反比。注射速度主要影响塑料熔体在模腔内的压力和温度。充模时间一般为 3～5 s，甚至更短。

注射时间中的保压时间是对模腔内熔料的压实时间，在整个注射过程中占的比例较大，一般为 20～120 s，特别厚的制品可高达 5～10 min。浇口处的熔料封冻之前，保压时间的长短对制品尺寸的准确性有影响。封冻之后，保压时间对制品尺寸无影响。保压时间的最佳值取决于料温、模温以及主浇道和浇口的大小。如果主浇道和浇口的尺寸以及工艺条件是正常的，通常将制品收缩率波动范围最小的压力值作为保压压力。

冷却时间主要取决于制品的厚度、塑料的热性能和结晶性能、模具温度等。冷却时间的终点应以制品在脱模时不引起变形为原则。冷却时间一般为 $0.16 \sim 0.30$ s,没有必要冷却过长时间。成型周期中的其他时间则与生产过程是否连续和自动化程度有关。

在选择工艺条件时,主要从以下几个方面考虑:①塑料的品种,此种复合材料的加工温度范围;②树脂是否需要干燥,采用什么方式干燥;③成型制品的外观、性能及收缩率。

2. 测试参考

"一种连续纤维复合材料注塑成型工艺"(北京航空航天大学专利:CN202110085672.7,2021 - 06 - 08)。

3. 实验条件

复合材料注塑成型工艺实验开始前需如实填写实验记录,主要将实验时间、实验操作人员及实验条件填写在表 31 - 1 中。

表 31 - 1　复合材料注塑成型工艺实验记录表

实验时间	
实验内容	复合材料注塑成型工艺实验
实验环境	温度:　　℃;湿度:　　%
实验仪器及设备	双螺杆挤出机、注射成型机、试样模具、测温计、秒表
实验所需材料	热塑性聚合物、增强纤维、偶联剂、抗氧剂、短切纤维等
实验操作人	

4. 实验步骤

1)挤出法制备预混料

按配方称取原料,混合均匀后加入料斗,按如下流程得到预混料粒子,烘干,备用,即设定成型温度、螺杆转速以及牵引速度等工艺参数→加料→挤出→冷却→牵引→切粒。

2)注塑成型

(1)按注射成型机使用说明书或操作规程做好实验设备的检查、维护工作。

(2)按"调整操作"方式安装好试样模具。

(3)注射机温度仪指示达到实验条件时,再保持 $10 \sim 20$ min,随后加入塑料进行对空注射。如从喷嘴流出的料条光滑明亮、无变色、无银丝、无气泡,说明料筒温度和喷嘴温度比较合适,可按该实验条件用半自动操作方式开动机器,制备试样。此后,每次调整料筒温度也应设置适当的恒温时间。在成型周期固定的情况下,用测温计测定塑料熔体的温度,制样过程中料温测定不少于 2 次。

(4)在成型周期固定的情况下,用测温计分别测量模具动、定模型腔不同部位的温度,测量点不少于 3 处,制样过程中,模温测定不少于 2 次。

(5)用注射时螺杆头部施加于物料的压力表示注射压力。

（6）成型周期各阶段的时间用继电器和秒表测量。

（7）制备试样过程中,模具的型腔和流道不允许涂擦润滑性物质。

（8）按测试需要制备试样,每一组试样一定要在基本稳定的工艺条件下重复进行制备。必须在至少舍去 5 个初始试样后才能开始取样。若某一工艺条件有变动,则该组已制备的试样作废。在去除试样的流道类赘物时,不得损伤试样本体。

5. 注意事项

（1）因电气控制线路的电压为 220 V,操作机器时,应防止人身触电事故发生。

（2）在闭合动模、定模时,应保证模具方位整体一致,避免错合损坏。

（3）应确保安装模具的螺栓、压板、垫铁牢靠。

（4）禁止在料筒温度未达到规定要求时进行注射。手动操作中,在注射、保压时间未结束时不得开动预塑。

（5）主机运转时,严禁手臂及工具等硬质物品进入料斗。

（6）喷嘴阻塞时,忌用增压的办法清除阻塞物。

（7）不得用硬金属工具接触模具型腔。

（8）机器正常运转时,不应随意调整油泵溢流阀和其他阀件。

6. 实验结果

（1）将相关实验数据记录在表 31 - 2 中。

表 31 - 2　注塑成型工艺数据记录表

原料及配方	
设备名称、型号及生产厂家	
造粒和注塑技术参数	
样品表面品质描述（包括平整度,是否有肉眼可见的气泡、分层现象）	

（2）记录实验过程中出现的现象,并分析出现此类现象的原因。

（3）根据实验过程及产品品质建立实验参数与产品品质的基本构效关系,并说明改进的方法。

（4）从不同角度对模压制品拍照,并将照片展示在报告中。

7. 实验结果分析与问题讨论

（1）影响预混料品质的因素有哪些? 如何控制这些因素?

（2）哪些因素会导致试样产生缺料、溢料、凹痕、气泡、真空泡?

（3）注射成型工艺参数如何确定?

（4）实验方案中料筒温度、注射压力、注射时间以及保压时间的设定应考虑哪些问题?

（5）如何处理注射成型制品的常见缺陷?

实验 32 连续纤维增强热固性复合材料 3D 打印成型实验

1. 实验目的和原理

1）目的
(1) 了解复合材料 3D 打印成型工艺的发展历史。
(2) 掌握复合材料 3D 打印成型工艺的实验原理及过程。

2）原理

3D 打印技术是通过 CAD 模型设计数据,采用材料逐层累加成型实体构件的快速增材制造方法。纤维按照其连续性分为短纤维与连续纤维,而树脂依据其分子结构及性能分为热塑性塑料与热固性聚合物。

截至目前,关于短纤维增强热塑性及热固性复合材料、连续纤维增强热塑性复合材料的 3D 打印技术已经研究成熟并开始投入商业化应用。然而,由于短纤维增强复合材料 3D 打印制件短纤维增强有限,导致整体力学性能相对较差,连续纤维增强热塑性复合材料由于热塑性基体物化性能不足,难以满足实际工程应用的强度、精度以及变形要求。

不同于未交联、仅依靠分子间作用力结合的热塑性塑料,热固性聚合物分子链间通过化学键合形成牢固的三维空间网络结构,在负载下表现出更高的强度、硬度,以及更低的应变。因此,进一步探索性能更优、实用性更强的连续纤维增强热固性复合材料的 3D 打印成型及固化工艺,成为目前复合材料与增材制造领域的研究热点。

本实验针对上述连续纤维增强热固性复合材料,采用分步式连续纤维增强热固性复合材料 3D 打印策略,开展进一步的工艺完善与改进研究,将整体工艺重新划分为"纤维预浸及打印成型"与"预成型体热后固化"两个步骤。纤维预测打印成型原理如图 32-1 所示。

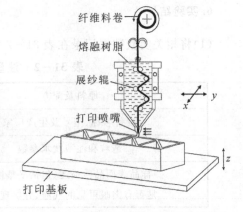

图 32-1 纤维预浸及打印成型原理示意图

2. 测试参考

"基于 3D 打印的连续纤维增强热固性复合材料性能及其应用探索"[明越科,王奔,周晋,等,《航空制造技术》,2021,64(15):58-65]。

3. 实验条件

连续纤维增强热固性复合材料 3D 打印成型实验开始前需如实填写实验记录,主要将实验时间、实验操作人员及实验条件填写在表 32-1 中。

表 32 - 1　连续纤维增强热固性复合材料 3D 打印成型实验记录表

实验时间	
实验内容	连续纤维增强热固性复合材料 3D 打印成型实验
实验环境	温度：　℃；湿度：　%
实验仪器及设备	3D 打印机、打印基板
实验所需材料	树脂及热固化剂、纤维布
实验操作人	

4. 实验步骤

(1)打印头内部加入树脂及其热固化剂混合物，并通过加热熔融降低黏度。

(2)将纤维布从料卷输送进入打印头内部，浸渍该熔融树脂基体。

(3)利用展纱辊扩展丝束宽度及延长预浸路径，配合输送张力，以确保纤维浸渍均匀。

(4)预浸完成后，纤维丝束随树脂基体从打印喷嘴挤出，通过冷却定型附着于打印基板。

(5)打印头沿 CAD 模型单层切片轨迹在 X - Y 平面内移动，单层打印完成后，打印基板沿 Z 轴下降单个切片厚度，循环上述步骤以完成整个设计样件的打印成型。

(6)打印完成后，预成型体被柔性真空袋及密封胶包裹并密封，然后通过外接真空泵施加真空压力，以排除内部空气并保持其原始形状。

(7)最后，利用烘箱加热整个装置，激活固化剂分子活性，引发树脂预聚物分子链间发生聚合交联反应而固化。

5. 注意事项

(1)3D 打印连续纤维路径不仅需要满足满覆盖、平整性好等打印要求，还需要尽可能保持纤维的连续性，以匹配复合材料结构强度设计要求，应预先规划基于复合材料构件受载条件的高精度 3D 打印轨迹。

(2)为保证复合材料打印产品成型质量、降低制件孔隙率，需尽量保证纤维浸渍均匀。

6. 实验结果

(1)将相关实验数据记录在表 32 - 2 中。

表 32 - 2　3D 打印成型工艺数据记录表

实验设备(名称、型号、生产厂家)：

预浸料配方			
型　号		用　量	
纤　维			
树　脂			
阶　段	压　力	温　度	时　间

续表

抽真空预压实阶段			
固化阶段			
脱模容易程度：			
层压制品质量表征			
样品表面品质描述(包括平整度,是否有肉眼可见的 气泡、分层现象)			

(2)记录实验过程中出现的现象,分析出现此类现象的原因。

(3)根据实验过程及产品品质建立实验参数与产品品质的基本构效关系,并说明改进的方法。

(4)从不同角度对 3D 打印制品拍照,并将其展示在报告中。

7. 实验结果分析与问题讨论

(1)在 3D 打印过程中需如何控制温度?

(2)简述增材制造目前面临的主要问题或者难点。

第6章　复合材料基本参数及缺陷测定

实验 33　复合材料密度的测定

1. 实验目的和原理

1）目的

掌握测定纤维增强塑料织物或其他纤维织物密度的方法。

2）原理

测定复合材料的密度有两种方法，即浮力法和几何法。浮力法适用于吸湿性弱的材料，几何法适用于吸湿性强的材料。

浮力法：根据阿基米德原理，以浮力来计算试样体积。试样在空气中的质量除以体积即为试样材料的密度。

几何法：制取具有规则几何形状的试样，称其质量，用测试的试样尺寸计算试样体积，试样质量除以试样的体积等于试样的密度。

2. 测试参考

《纤维增强塑料密度和相对密度试验方法》（GB/T 1463—2005）。

3. 实验条件

复合材料密度的测定实验开始前需如实填写实验记录，主要将实验时间、实验操作人员及实验条件填写在表 33 - 1 中。

表 33 - 1　复合材料密度的测定实验记录表

实验时间	
实验内容	复合材料密度的测定
实验环境	温度：　　℃ ；湿度：　　%
实验仪器及设备	天平、游标卡尺、支架、烧杯、金属丝
实验所需材料	
实验操作人	

4. 实验步骤

1)浮力法

(1)在空气中称量试样的质量(m_1)和金属丝的质量(m_3),精确到 0.000 1 g。

(2)测量和记录容器中水的温度,水的温度应为 23℃±2℃。

(3)容器置于支架上,将由该金属丝悬挂着的试样全部浸入到容器内的水中。容器绝不能触到金属丝或试样。用另一根金属丝尽快除去黏附在试样和金属丝上的气泡。称量水中试样的质量(m_2),精准到 0.000 1 g。

(4)试样数目为 5 个,按照以上步骤依次进行测量。

(5)试样密度计算:

$$\rho_t = \frac{m_1}{m_1 + m_3 - m_2} \times \rho_w \tag{33-1}$$

式中:ρ_t 为试样在温度 t(℃)时的密度(kg/m³);m_1 为试样在空气中的质量(g);m_2 为试样悬挂在水中的质量(g);m_3 为金属丝在空气中的质量(g);ρ_w 为水在温度 t(℃)时的密度(kg/m³),在 23℃下 ρ_w 的值为 997.6 kg/m³。

2)几何法

(1)在空气中称量试样的质量(m),精确到 0.000 1 g。

(2)在试样每个特征方向均匀分布的三点上,测量试样尺寸,精确到 0.01 mm。三点尺寸相差不应超过 1%。取三点的算数平均值作为试样此方向的尺寸,从而得到试样的体积(V)。

(3)试样数目为 5 个,按照以上步骤依次进行测量。

(4)试样密度计算:

$$\rho_t = \frac{m}{V} \times 10^{-3} \tag{33-2}$$

式中:ρ_t 为试样在温度 t(℃)时的密度(kg/m³);m 为试样在空气中的质量(g);V 为试样的体积(m³)。

5. 注意事项

(1)对复合材料进行密度测量前,需先判断材料吸湿性的强弱,根据吸湿性的强弱选择测量方法,材料的吸湿性弱,则用浮力法进行测量,材料的吸湿性强,则用几何法进行测量。

(2)浮力法中,试样需要完全浸入容器内的水中,且不能碰到容器,这个过程要尽可能快。

(3)几何法中,测量试样体积时,需要对三点进行测量,且三点的尺寸相差不能超过 1%。

6. 实验结果

(1)将测得的试样质量、体积记录在表 33-2 中。

（2）计算并记录试样的密度和算术平均值。

表 33 - 2　数据记录及计算表

试样名称：_____

序号	质量 m_1/g	质量 m_2/g	质量 m_3/g	密度 ρ_t/(kg · m^{-3})	备注
1					
2					
3					
4					
5					
6					
7					
8					
9					
10					
平均值				—	—
标准差					
离散系数					

7. 实验结果分析与问题讨论

（1）实验中为什么对水的温度有比较严格的要求？

（2）为什么需要尽可能快地完成称量？

实验 34　复合材料体积分数的测定

1. 实验目的和原理

1）目的

掌握测定纤维增强塑料织物或其他纤维织物体积分数的方法。

2）原理

在碳纤维增强塑料上，通过光学显微镜测定观测面内纤维所占面积与观测面积的百分比，即为该试样的纤维体积分数。

纤维体积分数计算：

$$V_t = \frac{N \cdot A_i}{A} \times 100\%$$

（34 - 1）

式中:V_i 为每个观测面内的纤维体积分数(%);N 为观测面内的纤维根数;A_i 为单根纤维的平均截面积(μm^2);A 为观测面积(μm^2)。

2. 测试参考

《碳纤维增强塑料孔隙含量和纤维体积含量试验方法》(GB/T 3365—2008)。

3. 实验条件

复合材料体积分数的测定实验开始前需如实填写实验记录,主要将实验时间、实验操作人员及实验条件填写在表 34-1 中。

表 34-1 复合材料体积分数的测定实验记录表

实验时间	
实验内容	复合材料体积分数的测定
实验环境	温度: ℃;湿度: %
实验仪器及设备	金相显微镜(能放大1200倍以上)、计数器、求积仪、磨片抛光设备
实验所需材料	
实验操作人	

4. 实验步骤

(1)对于单向铺层试样,沿垂直于纤维轴向的横截面取样,长为 20 mm,宽为 10 mm,高为试样厚度。每组试样不少于 3 个。

(2)对于正交及多向铺层试样,沿垂直于纤维轴向的横截面上至少各取 3 个横截面长为 20 mm、宽为 10 mm、高为试样厚度的试样。

(3)试样用包埋材料包埋,将包埋好的试样在磨片机上依次用由粗到细的水磨砂纸在流动水下湿磨,然后在抛光机上用适当的抛光织物和抛光膏抛光,直至试样截面形貌在显微镜下清晰可见为止。磨平抛光过程中,每更换一次砂纸都应将试样彻底清洗干净,如有抛光膏堵塞孔隙现象,可用超声波清洗器清洗试样。

(4)将制备好的试样置于金相显微镜的载物台上。在 200 倍放大倍数下每个试样摄取 3 个观测面的照片各一张,用来测定各观测面积及其内的纤维根数。

(5)在 1 200 倍(或大于 1 200 倍)放大倍数下摄取显微照片一张,用来测定纤维的平均截面积。

(6)在按步骤(4)摄得的照片上用求积仪或其他方法求得 25 根纤维的平均截面积。如纤维为圆形截面,可测量直径来计算截面积。

5. 注意事项

(1)在步骤(4)中要注意观测面内不得有空隙。

(2)试样在切取过程中应防止产生分层、开裂等现象。

（3）抛光过程中要抛光至试样截面形貌在显微镜下清晰可见为止。

6. 实验结果

（1）将测得的试样观测面内的纤维根数 N、单根纤维的平均截面积 A_i 及观测面积 A 记录在表 34 - 2 中。

（2）计算并记录试样的纤维体积分数和算术平均值。

表 34 - 2　数据记录及计算表

试样名称：_____

序号	纤维根数 N	单根纤维的平均截面积 $A_i/\mu m^2$	观测面积 $A/\mu m^2$	纤维体积分数 $V/(\%)$	备注
1					
2					
3					
4					
5					
6					
7					
8					
9					
10					
平均值			—	—	

7. 实验结果分析与问题讨论

（1）试样切取过程中可以通过哪些措施防止产生分层、开裂等现象？

（2）在磨平、抛光过程中，为什么每更换一次砂纸都要将试样彻底清洗干净呢？

实验 35　复合材料孔隙率的测定

1. 实验目的和原理

1）目的

掌握测定纤维增强塑料织物或其他纤维织物孔隙率的方法。

2）原理

在碳纤维增强塑料上，通过光学显微镜在试样整个截面上测定孔隙总面积与试样截面面积的百分比,即该试样的孔隙率。

试样孔隙率计算:

$$X = \frac{N_v \cdot A_g}{A} \times 100\% \qquad (35-1)$$

式中:X 为孔隙分数(%);N_v 为试样孔隙所占格子数;A_g 为每格面积(mm^2);A 为试样截面面积(mm^2)。

2. 测试参考

《碳纤维增强塑料孔隙含量和纤维体积含量试验方法》(GB/T 3365—2008)。

3. 实验条件

复合材料孔隙率的测定实验开始前需如实填写实验记录,主要将实验时间、实验操作人员及实验条件填写在表 35-1 中。

表 35-1　复合材料孔隙率的测定实验记录表

实验时间	
实验内容	复合材料孔隙率的测定
实验环境	温度:　　℃;湿度:　　%
实验仪器及设备	反射显微镜(附有目镜网格、测微尺等附件)、磨片抛光设备
实验所需材料	
实验操作人	

4. 实验步骤

(1)对于单向铺层试样,沿垂直于纤维轴向的横截面取样,长为 20 mm,宽为 10 mm,高为试样厚度。每组试样不少于 3 个。

(2)对于正交及多向铺层试样,沿垂直于纤维轴向的横截面上至少各取 3 个横截面长为 20 mm、宽为 10 mm、高为试样厚度的试样。测量试样横截面的长度和宽度,精确至 0.01 mm。

(3)将试样用包埋材料包埋,将包埋好的试样在磨片机上依次用由粗到细的水磨砂纸在流动水下湿磨,然后在抛光机上用适当的抛光织物和抛光膏抛光,直至试样截面形貌在显微镜下清晰可见为止。磨平抛光过程中,每更换一次砂纸都应将试样彻底清洗干净,如有抛光膏堵塞孔隙现象,可用超声波清洗器清洗试样。

(4)将制备好的试样置于反射显微镜的载物台上。在 100 倍放大倍数下迅速观察试样整个截面,调整放大倍数,使绝大部分孔隙面积大于 1/4 格。

(5)记录落在孔隙上的格子数目,以 1/4 格为最小计数单位。大于 1/4 格的记作 1/2 格,大于 1/2 格的记作 3/4 格,大于 3/4 格的记作 1 格。目镜网格每格面积要在选定的放大倍数下以测微尺进行标定。

5. 注意事项

(1)在切取试样过程中应防止产生分层、开裂等现象。

(2)抛光过程中要抛光至试样截面形貌在显微镜下清晰可见为止。

(3)要注意在选定的放大倍数下以测微尺进行标定。

6. 实验结果

(1)将测得的试样孔隙所占格子数 N_v、每格面积 A_g 及试样截面面积 A 记录在表35 - 2中。

(2)计算并记录试样的纤维孔隙含量和算术平均值。

表35 - 2　数据记录及计算表

试样名称:＿＿＿＿＿＿

序号	试样孔隙所占格子数 N_v	每格面积 A_g/ mm²	试样截面面积 A/ mm²	纤维孔隙率 X/(%)	备注
1					
2					
3					
4					
5					
6					
7					
8					
9					
10					
平均值			—	—	

7. 实验结果分析与问题讨论

(1)在切取试样过程中可以通过哪些措施防止产生分层、开裂等现象?

(2)在磨平、抛光过程中,为什么每更换一次砂纸都要将试样彻底清洗干净呢?

第7章 复合材料化学性能测试

实验36 复合材料电阻率的测定

1. 实验目的和原理

1）目的

了解电阻率测试仪的一般原理及结构，掌握复合材料表面电阻和体积电阻率的测试方法和操作要点。

2）原理

电阻率是用来表示各种物质电阻特性的物理量。某种材料所制成原件的电阻和其横截面积的乘积与该原件长度的比值称为这种材料的电阻率。电阻率与导体的长度、横截面积等因素无关，是导体材料本身的电学性质，由导体的材料性质决定，且与温度有关。按照电阻率大小，材料可分为导体、半导体和绝缘体三大类。一般以 $10^6 \Omega \cdot cm$ 和 $10^{12} \Omega \cdot cm$ 为基准，电阻率低于 $10^6 \Omega \cdot cm$ 的材料为导体，高于 $10^{12} \Omega \cdot cm$ 的为绝缘体，介于两者之间的为半导体。然而，在实际中，材料导电性的区分又往往随应用领域的不同而不同，材料导电性能的界定是十分模糊的。

测量材料电阻系数的原理仍然是欧姆定律（$R = U/I$），让试样与两电极接触，给两电极施加一个直流电压，材料试样表面和内部就会产生直流电流，该电压与电流之比就是该试样的电阻，结合试样的具体尺寸就能计算它的电阻率。绝缘材料的电阻 R 很大，电流 I 很小，所以测量高电阻仪器的电流放大系统的可靠性和准确性很重要，甚至决定实验是否成功。另外，输入电源电压以及仪器内部变压升压值的准确性也直接影响测量结果，因此，仪器的电源最好是稳压源。电极与试样接触是否良好也是一个重要影响因素。实验时电阻值是可以直接读出来的，电阻率则通过电阻与试样尺寸关系的计算而得到。

体积电阻指在试样表面两电极间所加直流电压与流过这两个电极之间的稳态电流之商，不包括沿试样表面的电流，且在两电极上可能形成的极化忽略不计。体积电阻率指在绝缘材料内直流电场强度和稳态电流密度之商，即单位体积内的体积电阻。表面电阻指在试样表面两电极间所加电压与在规定的电化时间里流过两电极间的电流之商，在两电极上可能形成的极化忽略不计。表面电阻率指在绝缘材料表面直流电场强度与线电流密度之商，即单位面积的表面电阻。

可按下式计算被测试样的体积电阻率 ρ_v（单位为 $\Omega \cdot cm$）和表面电阻率 ρ_s（单位为 Ω）：

$$\rho_v = R_v \frac{\pi r^2}{h} \tag{36-1}$$

$$\rho_s = R_s \frac{2\pi}{\ln \dfrac{d_2}{d_1}} \tag{36-2}$$

式中：R_v 为体积电阻（Ω）；R_s 为表面电阻（Ω）；h 为试样厚度（cm）；r 为圆电极半径（cm），$r = d/2$；d_2 为外圈圆环电极内径（cm）；d_1 为圆电极直径（cm）。

2. 测试参考

《导电和抗静电纤维增强塑料电阻率试验方法》（GB/T 15738—2008）。

3. 实验条件

复合材料电阻率的测定实验开始前需如实填写实验记录，主要将实验时间、实验操作人员及实验条件填写在表 36-1 中。

表 36-1　复合材料电阻率的测定实验记录表

实验时间	
实验内容	复合材料电阻率的测定
实验环境	温度：　　℃；湿度：　　%
实验仪器及设备	LCR 智能电桥、高阻表（测量范围为 $10^6 \sim 10^{15}\ \Omega$）、电极装置、电源稳压器（LCR 智能电桥的电阻为 $0.001 \sim 100\ M\Omega$）
实验所需材料	纤维增强塑料
实验操作人	

4. 实验步骤

1）导电复合材料电阻率的测定

（1）试样准备。测量前将试样放在干燥器中处理至少 24 h。试样是圆形板状，平整，厚度均匀，表面光滑，无气泡和裂纹。试样直径为 50 mm 或 100 mm，厚度为 1~4 mm；试样数量为 5 个。

（2）安装试样。按图 36-1 安装好试样。

（3）测量。将 LCR 智能电桥接入电源，按 R 键，R 键下面的二极管发光，进入测量状态。

（4）试样电阻测试。将测量电极与智能电桥的两个输入电极相连，如果分别与 1,3 电极连接，则仪器显示的是试样的体积电阻值 R_v；如果分别与 1,2 电极连接，则显示的是环形表面电阻值 R_s。

2）绝缘复合材料电阻率的测定

（1）试样准备。与测定电阻系数时的准备过程一样。

（2）击穿实验鉴定试样。在实验前要做耐电压击穿实验,要求试样耐 1 500 V 电压,否则在测试中试样一旦被击穿,对高阻表和电极的损坏是非常严重的。一般玻璃钢板材如没有杂质,耐压可达 10 kV/mm,所以如不能做耐压测定,就必须仔细检查试样,其中不应有导电杂质混入。

（3）接线。为保证电极与试样接触良好,用医用凡士林将退火铝箔粘贴在试样的两面,凡士林应很薄且均匀,按图 36-1 接线。当绝缘电阻值大于 $10^{10}\,\Omega$ 时,测量结果易受外界电磁场干扰,影响数值的精确度,故应用铁盒屏蔽电极和试样,连接线采用同轴屏蔽电缆,并接地。

（4）校正、调零。开机之前检查仪表各旋钮位置,欧姆表置于"0"位,电压表置于"0"位,测量-调零钮置于"调零"位,保持工作钮置于"工作"位,然后才能开机。开机后预热 1 h,将电表指针调整为零,即电阻值为无穷大。

（5）选择开关。选择测试电压和倍率开关,取 R_v 或 R_s 档。

（6）测量。将开关置于"测量"位置,打开输入电路开关就可读出一个电阻值,此电阻值乘以倍率,并乘以电压开关所指系数就是所测得的 R_v 或 R_s。

（7）短路放电。将开关从"测量"位置调换成"放电"位置,使试样两面短路放电。

（8）记录数据。取试样测三点以上的厚度,取平均值,测量电极的直径 d_1 和 d_2,也可由仪器说明书提供 d_1 和 d_2 值。

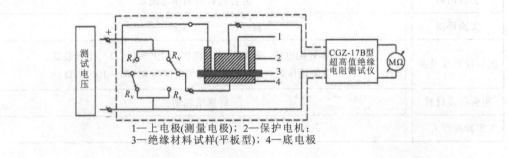

1—上电极(测量电极);2—保护电机;
3—绝缘材料试样(平板型);4—底电极

图 36-1 高阻表外接线示意图

5. 注意事项

（1）对于绝缘复合材料试样最好只测一次,如测第二次则须使试样充分放电,否则残余电场会导致测量失误。

（2）使用高阻表的高压档时,要注意避免遭电压击伤。

（3）潮湿环境将严重影响实验结果,要选择干燥的房间作为电性能测试室。

6. 实验结果

（1）将测得的原材料的厚度等记录在表 36-2 中并进行数据处理。其中提前预设有关仪器设备的参数。

（2）按照相应公式计算体积电阻率和表面电阻率,并记录在表 36-2 中。

（3）比较不同复合材料电阻率的差别,并解释说明其原因。

（4）根据实验结果分析降低或者提高电阻率的方法。

表 36 - 2　电阻率测定数据记录及计算表

设备名称：_____　设备型号：_____　生产厂家：_____　试样材料：_____

序号	h/mm	R_v/Ω	R_s/Ω	ρ_v/(Ω·cm)	ρ_s/Ω
1					
2					
3					
4					
5					
平均值					

7. 实验结果分析与问题讨论

(1)使用高阻表时需注意哪些事项？

(2)影响复合材料电阻率的因素有哪些？

(3)电学性能不同的复合材料在测定其电阻率时有哪些不同？

实验 37　复合材料热导率的测定

1. 实验目的和原理

1)目的

了解导热仪的测试原理和使用方法，掌握复合材料热导率的测试方法。

2)原理

热是一种能量，传热是能量的交换或流动，传热有很多种形式，包括对流、辐射以及传导。材料内部热传导是通过能量交换或自由电子漂移的方式完成的。

傅里叶传导定律表明，热传导的快慢与材料横截面积、温度梯度、热导率成正比，用方程表示为

$$\Phi = \lambda A \frac{\Delta T}{\Delta x} \tag{37-1}$$

式中：Φ为热流量（W）；λ为热导率[W/(m·K)]；A为热传导的横截面积（m²）；$\Delta T/\Delta x$为温度梯度（K/m）。

在稳定状态下，单向热流垂直流过板状试样，通过测量在规定传热面积内一维恒定热流量及试样冷热表面的温度差，可以计算出试样的热导率。这就是护热板法。

热流量指单位时间内通过一个面内的热量。热流量密度指垂直于热流方向的单位面积热流量。热导是材料导热特性的一个物理指标，数值上等于热流密度除以负温度梯度。试样平均温度指稳定状态时试样的高温面温度和低温面温度的算术平均值，也可简称为平均温度。试样温度差指稳定状态时试样的高温面温度和低温面温度的差值。

热导率这一概念针对仅存在导热这一传热形式的系统,当存在如辐射、对流和传质等多种传热形式时,系统的复合传热关系通常称为表观热导率、显性热导率或有效热导率。此外,热导率是针对均质材料而言的,实际情况下,还存在多孔、多层、多结构、各向异性的材料。因此,复合材料的热导率实际上是一种综合导热性能的表现,也称为平均热导率。

利用护热板导热仪可测定复合材料的热导率,按下式进行计算,取两位有效数字:

$$\lambda = \frac{Pd}{A(t_1 - t_2)} \tag{37-2}$$

式中:λ为热导率[W/(m·K)];P为主加热板稳定时的功率(W);d为试样厚度(m);A为主加热板的计算面积,对特定测试装置而言该数值为固定值(m²);t_1,t_2分别为试样的高、低温度(℃)。

2. 测试参考

《纤维增强塑料导热系数试验方法》(GB/T 3139—2005)。

3. 实验条件

复合材料热导率的测定实验开始前需如实填写实验记录,主要将实验时间、实验操作人员及实验条件填写在表37-1中。

表 37-1 复合材料热导率的测定实验记录表

实验时间	
实验内容	复合材料热导率的测定
实验环境	温度:　℃;湿度:　%
实验仪器及设备	热板、冷热源控制系统、智能测量仪
实验所需材料	纤维增强塑料
实验操作人	

4. 实验步骤

(1)试样准备:测量试样厚度至少4次,精确到0.01 mm,取算术平均值。

(2)安装试样:注意消除空气夹层,并对试样施加一定的压力。

(3)调节温差:调节主加热板与护加热板以及主加热板与底加热板之间的温差,使之达到平衡,由温度不平衡所引起的热导率测试误差不得大于1%。

(4)记录温差:达到稳定状态后,测量主加热板功率和试样两面的温差即可。所谓稳定状态是指在主加热板功率不变的情况下,30 min内试样表面温度波动不大于试样两面温差的1%,且最大不得大于1℃。

(5)对比实验:为了研究温度和湿度对热导率的影响,在不同温度和湿度条件下按上述步骤对热导率进行3~5次测试,并比较分析。测试前先将试样放置在不同湿度的环境中平衡24 h,然后将试样的各面用4层塑料薄膜包裹起来。薄膜的水蒸气渗透阻为1.5 m,

可视为不透气。塑料薄膜的厚度和热阻均可以忽略。

5. 注意事项

(1)试样边长或直径应与加热板相等,通常为 100 mm。

(2)试样厚度至少是 5 mm,最大不大于其边长或直径的 1/10。

(3)试样表面平整,表面不平度不大于 0.50 mm/m²;试样两表面平行。每组试样不少于 3 块。

6. 实验结果

(1)将测得的原材料的厚度、面积、温度等记录在表 37 − 1 中并进行数据处理。其中有关仪器设备的参数已提前预设。

(2)按照式(37 − 2)计算每个试样的热导率,并求出每组试样的平均值,记录在表 37 − 2 中。

表 37 − 2　热导率测定数据记录及计算表

试样材料:＿＿＿＿　　设备名称:＿＿＿＿　　设备型号:＿＿＿＿　　生产厂家:＿＿＿＿

序号	d/m	A/m^2	$t_1/℃$	$t_2/℃$	$\lambda/[W \cdot (m \cdot K)^{-1}]$
1					
2					
3					
平均值					

(3)将在步骤(5)中所得到的不同湿度、不同温度下试样的热导率记录在表 37 − 3 中并进行比较,利用计算机作图。

(4)根据所作的图分析温度、湿度对试样的影响,并讨论其原因。

表 37 − 3　温度、湿度及热导率数据记录

试样材料:＿＿＿＿　　设备名称:＿＿＿＿　　设备型号:＿＿＿＿　　生产厂家:＿＿＿＿

序号	温度/℃	湿度/(%)	$\lambda/[W \cdot (m \cdot K)^{-1}]$
1			
2			
3			
4			
5			

7. 实验结果分析和问题讨论

(1)测量材料热导率的方法有哪几种?

(2)平板导热仪适合测定哪些材料?各有何优缺点?

(3)湿度和温度如何影响材料的热导率?

(4)从结构上讲,影响复合材料热导率的因素有哪些?

实验 38 水平燃烧法测定复合材料燃烧性能

1. 实验目的和原理

1）目的

掌握在水平自支撑条件下测量塑料试样燃烧性能的方法，理解该方法测试结果作为着火危险性判据的局限性。

2）原理

水平燃烧实验是水平夹住试样一端，对试样自由端施加规定的气体火焰，通过测量线性燃烧速度（水平法）或有焰熬烧及无焰搬烧时间（垂直法）等指标来评价试样的燃烧性能。水平燃烧实验与垂直燃烧实验并列反映试样水平放置时的燃烧性能。由于着火的意外性和多样性，水平燃烧实验方法只能作为比较使用。

水平燃烧法用于测定半硬质及硬质塑料小试样与小火焰接触时的相对燃烧特性，可以用来检测聚合物基复合材料试样的燃烧特性。

2. 测试参考

《泡沫塑料燃烧性能试验方法水平燃烧法》（GB/T 8332—2008）。

3. 实验条件

水平燃烧法测定复合材料燃烧性能实验开始前需如实填写实验记录，主要将实验时间、实验操作人员及实验条件填写在表 38-1 中。

表 38-1 水平燃烧法测定复合材料燃烧性能实验记录表

实验时间	
实验内容	水平燃烧法测定复合材料燃烧性能
实验环境	温度： ℃；湿度： %
实验仪器及设备	燃烧箱或通风橱、实验夹、本生灯、秒表、游标卡尺、天然气/煤气/液化石油气
实验所需材料	阻燃玻璃纤维织物增强不饱和聚酯树脂、不阻燃玻璃纤维织物增强不饱和聚酯树脂
实验操作人	

实验装置如图 38-1 所示，本生灯内径为 9.5 mm，实验时本生灯向上倾斜 45°，并有进退装置。实验用燃气为天然气、液化石油气或煤气。

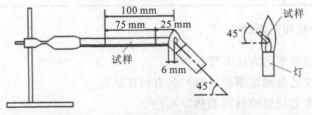

图 38-1 水平燃烧法实验装置示意图

复合材料试样尺寸为 125 mm×13 mm×3 mm,也可采用厚度为 2～13 mm 的试样进行实验。但是,相同厚度试样的实验结果才能比较。试样表面应平整、光滑、无气泡、飞边、毛刺等缺陷,每组测试 5 个试样。

4. 实验步骤

(1)试样准备:取阻燃和不阻燃玻璃纤维织物增强不饱和聚醛树脂手糊平板,按 125 mm×13 mm×3 mm 的尺寸加工试样,用铅笔标明序号,以免混淆。每种试样至少准备 5 片,将试样放入标准状态或干燥器中平衡至少 24 h。

(2)试样标注:在试样的宽面上距点火端 25 mm 和 100 mm 处分别画一条标线作为参照点。

(3)试样固定:将试样一端固定在铁支架上,另一端悬臂,调整试样使其横截面轴线与水平面成 45°,然后将试样移入通风橱中,实验时不开通风机,实验完毕后再抽风换气,试样下方放置一个水盘。

(4)点火:在远离试样约 450 mm 处点着本生灯,当灯管在垂直位置时调节火焰长度为 25 mm 并为蓝色,将灯倾斜 45°,移近试样,将火焰内核的尖端放置在试样自由端下沿,使自由端约有 6 mm 试样受到火焰端部的作用,并开始用秒表计时,保证施加火焰的时间为 30 s,在此期间不得移动本生灯位置。但若在实验中不到 30 s 时试样燃烧的火焰前沿已达到第一条标线处,应立即停止施加火焰。

(5)施加火焰 30 s 后立即移开本生灯,继续观察试样状态,并作如下观察记录:①2 s 内有无可见火焰;②如果试样继续燃烧,则记录火焰前沿从第一标线到第二标线所需的时间 t。两标线间的距离除以时间 t 即为燃烧速度 v(mm/min);③如果火焰到达第二标线前熄灭,记录燃烧长度 L_s,即从第二标线到未燃部分的最短距离,精确到 1 mm;④其他现象,如熔融、卷曲、结炭、滴落,以及滴落物是否燃烧等。

5. 注意事项

根据点燃后的燃烧行为,材料的燃烧性能可以分为四级(以下符号中的 FH 表示水平燃烧):

(1)FH-1,即火源撤离后,火焰即灭或燃烧前沿未达 25 mm 标线。

(2)FH-2,即火源撤离后,燃烧前沿越过 25 mm 标线,但未达到 100 mm 标线。在此级中,应把烧损长度写进分级标志中。如当 L_s=60 mm 时,记为 FH-2-60 mm。

(3)FH-3,即火源撤离后,燃烧前沿越过 100 mm 标线,对于厚度为 3～13 mm 的试样,燃烧速度 v≤40 mm/min;对于厚度小于 3 mm 的试样,燃烧速度 v≤5mm/min。在此级中,应把燃烧速度写到分级标志中,例如 FH-3 的燃烧速度 v≤40 mm/min。

(4)FH-4,即除了线性燃烧速度大于上述规定值以外,其余都与 FH-3 相同,在此级中也要把燃烧速度写进分级标志中,例如,FH-4-60 mm/min。

以 4 个试样中数字最大的类别作为材料的评定结果,并报告最大的燃烧长度或燃烧速度。实验报告还应包括试样的制备方法、尺寸、预处理情况,以及其他实验现象,如熔融、卷曲、结炭、滴落,以及滴落物是否燃烧等。

6. 实验结果

(1)将观察到的现象、测得的燃烧时间和计算的燃烧速度等记录在表 38-2 中。

表 38 - 2 水平燃烧法数据记录及计算表

试样材料：_____ 设备名称：_____ 设备型号：_____ 生产厂家：_____

序号	2 s 内有无可见火焰	第一标线到第二标线所需的时间 t/min	第一标线到第二标线的距离/mm	燃烧速度 v/(mm·min^{-1})	燃烧长度 L_S/mm	其他现象
1						
2						
3						
4						
5						
平均值						

(2)比较厚度、密度、方向、放置形式、环境温度、湿度、熔融滴落物等对燃烧性能的影响。

(3)根据实验结果探讨改进实验的方法。

7. 实验结果分析与问题讨论

(1)试说明复合材料试样的树脂含量、树脂固化度和试样形状等因素如何影响复合材料燃烧性能。

(2)为什么在国家标准中均注明"本标准仅适用于评定本标准规定条件下材料的燃烧性能，但不能评定实际使用条件下的着火危险性"？

(3)取 5 片相同材料的试样，不按规定状态燃烧，观察燃烧现象，从而判断规定的标准条件哪些重要、哪些次要。

(4)树脂基复合材料优良的阻燃性能取决于哪些因素？在实际应用中应如何提高它的阻燃性能？有的复合材料中掺有氯化物，在着火时放出有毒且呛人的气体，对消防人员救火很不利，请结合燃烧过程提出减少有害气体产生的复合材料阻燃设计方案。

实验 39 复合材料加速老化实验

1. 实验目的和原理

1)目的

(1)加深对树脂基复合材料在大气环境中老化现象的认识。

(2)学会如何正确分析老化实验结果。

(3)掌握加速老化实验的设计和操作要点。

2)原理

自然光、热、氧气、水蒸气、风沙、微生物等的侵蚀都会引起材料表面和内部的损伤和破坏，且随时间延长，最终使它失去使用价值，这个过程称为老化或风化。复合材料尤其是树脂基复合材料的老化在某些地区相当严重。通常采用加速老化方法来估算某一复合材料制品的使用寿命。所谓"加速"有两种方法:一是加大光照、氧气、水蒸气等的作用量,二是提高温度。实际上,很多加速老化实验同时兼有两种"加速"方式,用较少时间的实验推算出较长时间的使用效果。但是,目前各地气候条件不尽相同,到底加速老化与自然老化之间的换算关系如何,没有统一的规定。

因为弯曲实验中材料受力复杂,可以较好地反映老化过程中性能的变化,所以,选定复合材料弯曲强度为检测老化程度的判定指标。但在实验中也可根据实际需要而选定别的性能指标,例如,巴氏硬度就是既实用又简便的检测指标。

本实验中包括室外自然老化实验和室内加速老化实验两部分内容。

2. 测试参考

《塑料热老化试验方法》(GB/T 7141—2008)。

3. 实验条件

复合材料加速老化实验开始前需如实填写实验记录,主要将实验时间、实验操作人员及实验条件填写在表 39-1 中。

表 39-1　复合材料加速老化实验记录表

实验时间	
实验内容	复合材料加速老化实验
实验环境	温度:　　℃;湿度:　　%
实验仪器及设备	加速老化实验箱、万能试验机、三点弯曲装置、室外老化试样架
实验所需材料	树脂基复合材料
实验操作人	

试样:制备若干块厚度基本相同的层压板,按弯曲实验的试样尺寸加工试样,实验的数量 m 按下式计算:

$$m = c \times 5 + n \tag{39-1}$$

式中:c 为总的抽样次数;n 为备用数。

4. 实验步骤

(1)试样初始性能测试:取 5 个试样,在标准条件下测定起始平均弯曲强度 $\bar{\sigma}_0$、标准差 S_0 和离散系数 C_0,并观察外观情况。

(2)室外自然老化:将 5 组 25 个试样及备用试样放在房顶上,按当地纬度倾斜角朝南暴露在室外自然老化,每月取一次试样,用标准实验条件测定平均弯曲强度 $\bar{\sigma}_1{}'$、标准差 $S_1{}'$、离散系数 $C_1{}'$,直至测量到 $\bar{\sigma}_5{}'$,$S_5{}'$,$C_5{}'$,将这些数据作为自然老化系列数据。

(3)蒸馏水中老化:将 5 组 25 个备用试样浸没于蒸馏水中,放于室内室温下,每月取一次样品测量其平均弯曲强度、标准差和离散系数,记为 $\bar{\sigma}_1^0$,S_1^0,C_1^0;…;$\bar{\sigma}_5^0$,S_5^0,C_5^0,将这些数据作为室温蒸馏水中老化系列数据。

— 111 —

（4）蒸馏水煮沸老化：取一个直径为 22 cm 的高压锅，在盖上打一孔，装上水冷凝器，取走高压安全阀，装一温度计，在锅内底上放一个不锈钢丝网，将足够的试样排成井字形置于锅内，使蒸馏水浸没试样，然后盖上锅盖，放于可调电炉上加热至沸腾，冷凝器通凉水冷却，保持沸腾和回流，锅内温度为 100℃。每隔 8 h 取一次样，测弯曲强度，得到一组实验数据 $\bar{\sigma}_1^n$，S_1^n，C_1^n；…；$\bar{\sigma}_5^n$；S_5^n；C_5^n，将这些数据作为加速水浸老化系列数据。

（5）人工气候箱老化：取足够量的试样放于人工气候箱中，适当提高温度，延长人造日光的照射时间，定时降雨，每间隔一定时间取一次样，测定弯曲强度，可以得到一系列的加速人工气候实验数据 $\bar{\sigma}_1$，S_1，C_1；…；$\bar{\sigma}_n$，S_n，C_n。

（6）其他老化：有条件的实验室还可以采用别的加速老化实验方法。

5. 注意事项

（1）当在单一温度下进行实验时，所有材料应在同一装置中同时暴露。

（2）在选择材料时，还必须考虑诸如水分、土壤和机械力作用等与实际应用情况相符合的其他因素的影响。

6. 实验结果

（1）将测得的复合材料老化前后的弯曲力学性能记录在表 39-2 中并进行数据处理。

（2）对各加速老化条件下测得的平均弯曲强度、标准差、离散系数进行比较、分析，并与 $\bar{\sigma}_0$，S_0 以及 C_0 进行对比。

表 39-2　老化实验数据记录表

试样名称：_____

序号	1	2	3	4	5
$\bar{\sigma}_0$					
S_0					
C_0					
$\bar{\sigma}_1'$					
S_1'					
C_1'					
$\vdots$					
$\bar{\sigma}_5'$					
S_5'					
C_5'					

注：本表格可根据实验数据自行扩展。

7. 实验结果分析与问题讨论

（1）从沸水煮泡加速实验结果分析，此种方法是否可以作为树脂基复合材料耐水、防潮性能的配方和新品种性能研究的筛选方法？这种方法有哪些不足？如何完善？

（2）各种实验中除 $\bar{\sigma}$ 随时间变化外，S 和 C 的变化也有一定规律，它们各说明什么现象？

（3）在老化初期，弯曲强度有所提高，该现象说明了什么问题？

实验 40　复合材料耐腐蚀性实验

1. 实验目的和原理

1）目的

（1）掌握材料耐腐蚀性测验方法及操作要点。

（2）熟悉评价材料耐腐蚀性的方法。

2）原理

复合材料耐腐蚀性是指当材料处于酸、碱、盐等溶液或有机溶剂中时，抵抗这些化学介质对其腐蚀破坏作用的能力。

同等质量玻璃纤维的表面积比块状玻璃的表面积大得多，它抵御酸、碱、盐及有机溶剂侵蚀的能力也比整块玻璃或玻璃容器低很多。树脂是由不同原子通过化学键连接起来的，对不同的化学介质表现出的抗腐蚀能力也不同。

按腐蚀的本质或机理来分析，腐蚀可分为化学腐蚀、电化学腐蚀和物理腐蚀等。化学腐蚀是指物质之间发生了化学反应，物质分子发生了变化；电化学腐蚀是发生了电化学过程而导致的腐蚀；物理腐蚀是物理因素引起的腐蚀，物质分子不变。复合材料及其制品在与化学介质接触时发生腐蚀的机理很复杂，但主要还是上述这三类腐蚀方式，究竟以哪一类腐蚀为主，不能一概而论。一般的腐蚀过程大概为：当复合材料与化学介质接触时，化学介质中的活性离子、分子或基团通过纤维或树脂的界面、小孔隙、树脂分子间空隙向复合材料内部渗透、扩散，在温度和时间作用下，它们就从材料表面转移到内部，与树脂和纤维中的活性结构点反应，逐渐地改变树脂和纤维的本来面目。同时，材料内部的杂质等也可形成小微电池而在电解质溶液中发生电化学反应。溶解、溶胀等作用使树脂与纤维界面破坏，或使树脂分子链断裂。这些过程是无时无刻不在进行的，这个过程累积的结果就是材料被腐蚀，最终导致材料的破坏。

可以根据所处环境的不同选择制备复合材料的纤维和树脂。复合材料成型工艺简单，所以在各种腐蚀环境下得到了广泛的应用。随着工业的发展，迫切需要耐多种化学药品腐蚀和使用寿命更长的复合材料。因此，掌握耐化学腐蚀性能的实验和评价方法对研究和使用耐腐蚀材料十分必要。

一般来说，在相同条件下，哪种材料的外观、巴氏硬度、弯曲强度变化越小，则其在该条件下的耐腐蚀性能越好；反之亦然。

2. 测试参考

《玻璃纤维增强热固性塑料耐化学介质性能试验方法》（GB/T 3857—2017）。

3.实验条件

复合材料耐腐蚀性实验开始前需如实填写实验记录,主要将实验时间、实验操作人员及实验条件填写在表 40-1 中。

表 40-1　复合材料耐腐蚀性实验记录表

实验时间	
实验内容	复合材料耐腐蚀性实验
实验环境	温度:　℃;湿度:　%
实验仪器及设备	广口玻璃容器、恒温槽、巴氏硬度计、分析天平、万能试验机及三点弯曲实验装置
实验所需材料	复合材料
实验操作人	

4.实验步骤

1)试样制备

(1)选取层压板,按弯曲实验的标准试样尺寸(80 mm×15 mm×4 mm)制备试样。试样表面平整,有光泽,不应有气泡、裂纹,无缺胶漏丝。

试样总数 N 可按下式计算:

$$N = nsTI + n \tag{40-1}$$

式中:n 为每次实验的试样数,最少 5 个;s 为试样介质种类数;T 为实验温度的组数;I 为实验期龄数(一种实验的取样次数)。

(2)将每一个试样用常温固化环氧树脂封边,然后将试样分别编号。

2)测初始值

测定试样未腐蚀之前的弯曲强度 σ_0、巴氏硬度 HBa、试样原始质量 m_0,并记录其外观状态。

3)配制腐蚀性化学介质

(1)配制浓度为 30% 的硫酸溶液,注意配制时将硫酸沿玻璃棒缓慢倒入水中,不能倒反。

(2)配制浓度为 10% 的氢氧化钠溶液。

(3)可按实际需要配制其他化学介质。

4)选定实验条件和程序

(1)实验温度:室温和 80℃。

(2)实验期龄:常温为 1 d,15 d,30 d,90 d,180 d,360 d;80℃条件下为 1 d,3 d,7 d,14 d,21 d,28 d。

5)实验过程

(1)将试样浸没在化学介质中,注意试样不靠容器壁,如试样表面附有小气泡,应用一毛刷将其抹去。常温条件下的实验应马上开始计时,并记录介质初始颜色。高温条件下的实验应将浸入介质的试样置于恒温槽中,当容器中介质达到 80℃ 时开始计时,并在冷凝器中通入冷却水。

(2)用不锈钢镊子按期龄取样,测定性能:①观察并记录试样外观和介质的外观。②用自来水冲洗试样 10 min,然后用滤纸将水吸干,将试样放入干燥器中处理 30 min,随后马上测定巴氏硬度,注意应在试样的两端测巴氏硬度,避开中间区域,以免影响弯曲性能的测量,然后马上按编号称量试样质量 m_i。③将试样封装在塑料袋中,并在 48 h 内测定弯曲强度 σ_i,每次从取样到性能测定的时间应保持一致。

(3)如发现试样起泡、分层等严重腐蚀破坏现象,则终止实验,并记录终止时的时间;如只是个别的试样被破坏,则继续进行实验,记录试样破坏状态和破坏试样的数量。

(4)定期用原始浓度的新鲜介质更换实验中的变色介质。常温实验按 30 d,90 d,180 d 更换;80℃ 下的实验按 7 d,14 d,21 d 更换。

6)后续处理

实验结束后处理好实验介质,将其倒入废酸罐或废碱罐中。

5. 注意事项

(1)进行实验时,取样的次数应不少于 4 次。

(2)实验中使用的容器对化学介质应是惰性的,如化学介质对玻璃容器有腐蚀,则在玻璃容器内壁采取防护措施或改用其他耐腐蚀容器。

6. 实验结果

(1)将实验过程中测得的质量、巴氏硬度、弯曲强度等数据记录在表 40 - 2 中。

(2)绘制不同介质、不同温度条件下试样巴氏硬度随实验期龄的变化曲线。

(3)绘制不同介质、不同温度条件下试样质量随实验期龄的变化曲线。

(4)按下式计算不同介质和不同温度下各期龄的弯曲强度变化率 $\Delta \sigma_i$(精确到三位有效数字),并绘制 $\Delta \sigma_i$ 随实验期龄变化的曲线。

$$\Delta \sigma_i = \frac{\sigma_i - \sigma_0}{\sigma_0} \times 100\%$$

表 40 - 2　耐腐蚀实验数据记录表

试样名称:_____　　　介质:_____　　　实验温度:_____

	序号	实验期龄					
		初始					
质量	1						
	2						
	3						
	4						
	5						
	平均值						

续表

	序号	实 验 期 龄				
		初始				
巴氏硬度	1					
	2					
	3					
	4					
	5					
	平均值					
弯曲强度	1					
	2					
	3					
	4					
	5					
	平均值					
外观	—					

7. 实验结果分析与问题讨论

(1)试样封边与不封边会对实验产生什么影响？

(2)试样品质在起始阶段有明显上升,然后下降,请简述这一现象的实质。

(3)简述复合材料耐化学腐蚀与加速老化实验有何异同之处。

实验 41　弯曲负载热变形温度的测定

1. 实验目的和原理

1)目的

(1)测试复合材料的热变形性能。

(2)掌握 ZWK-3 型热变形仪的测试原理及操作方法。

2)原理:

当试样浸在一种等速升温的液体传热介质中,在简支梁式的静弯曲负荷作用下,试样弯曲变形达到规定值时的温度为热变形温度。

试样放在跨度为 l 的两支座上,在跨度中间施加质量 P,则试样的弯曲应力为

$$\sigma = \frac{3Pl}{2bh^2} \tag{41-1}$$

式中:σ 为试样弯曲正应力(kg/cm^2);P 为在跨度中间施加在试样上的质量(kg);l 为两支点间跨距(cm);b 为试样宽度(cm);h 为试样高度(cm)。

由式(41-1)可知,根据试样的宽度和高度,就可计算出需加在简支梁中点的负载 P:

$$P = \frac{2\sigma b h^2}{3l} \qquad\qquad (41-2)$$

但 P 是总负载,它还包括负载杆和压头的质量以及变形测量装置的附加力,故实际加载的质量应按下式计算:

$$W = P - R - F \qquad\qquad (41-3)$$

式中:W 为实际加载质量(kg);P 为计算加载质量(kg);R 为负载杆及压头的质量(kg);F 为变形测量装置的附加质量(kg)。

接着应当确定试样在一定负载下产生的最大变形量,即终点挠度值。试样的最大变形量完全取决于试样的高度,当试样高度变化时,其最大变形量也发生变化,试样高度与相应的最大变形量关系见表 41-1。

表 41-1　试样高度变化时相应的变形量

单位:mm

试样高度	相应变形量	试样高度	相应变形量
9.8~9.9	0.33	12.4~12.7	0.26
10.0~10.3	0.32	12.8~13.2	0.25
10.4~10.6	0.31	13.3~13.7	
10.7~10.9	0.30	13.8~14.1	0.23
11.0~11.4	0.29	14.2~14.6	0.22
11.5~11.9	0.28	14.7~15.0	0.21
12.0~12.3	0.27		

2.测试参考

《塑料负荷变形温度的测定》(GB/T 1634.2—2019)。

3.实验条件

弯曲负载热变形温度的测定实验开始前需如实填写实验记录,主要将实验时间、实验操作人员及实验条件填写在表 41-2 中。

表 41-2　弯曲负载热变形温度的测定实验记录表

实验时间	
实验内容	弯曲负载热变形温度的测定
实验环境	温度:　　℃;湿度:　　%
实验仪器及设备	ZWK-3 型热变形仪
实验所需材料	增强纤维热塑性聚合物
实验操作人	

(1)ZWK-3 型热变形仪。加热箱体包括电热装置、自动等速升温系统、液体介质存放浴槽和搅拌器等。浴槽内盛放温度范围合适和对试样无影响的液体传热介质,一般选用室温时黏度较低的硅油、变压器油、液体石蜡或乙二醇等。加热箱体的结构应保证实验期间传热介质以(12±1)℃/6 min 的速度等速升温。

实验架是用来施加负载并测量试样形变的一种装置。实验架除包括图 40-1 所示的构件外,还包括搅拌器和冷却装置。负载由一组大小合适的砝码组成,加载后能使试样产生的最大弯曲正应力为 18.5 kg/cm² 或 4.6 kg/cm²。负载杆压头的质量及变形测量装置的附加力应视为负载中的一部分,计入总负载中。

变形测量装置的精度为 0.01 mm。

(2)增强纤维热塑性聚合物。试样应是截面为矩形的长条,其尺寸为:长度 $L = 120$ mm,高度 $h = 10$ mm,宽度 $b = 6$ mm。试样表面应平整光滑,无气泡,无锯切痕迹、凹痕或飞边等缺陷,每组试样至少 2 个。

4. 实验步骤

(1)将试样对称地放在试样支座上,高度为 10 mm 的一面垂直放置,放下负载杆,将试样压住。

(2)保温浴槽内传热介质的起始温度与室温相同,如果经证明试样在较高的起始温度下也不影响实验结果,则可提高起始温度。

(3)测量试样中点附近的高度 h 和宽度 b,精确至 0.05 mm,并按式(40 - 1)和式(40 - 2)计算实际应加的砝码质量。

(4)把装好试样的支架下降到浴槽内,试样应位于液面 35 mm 以下,加入步骤(3)中计算所得的砝码,使试样产生所要求的最大弯曲正应力(18.5 kg/cm² 或 4.6 kg/cm²)。

(5)5 min 后再调节变形测量装置,使之示数为零。

(6)将仪器的升温速度调节为 120℃/h。

(7)开启仪器进行实验,当试样中点弯曲变形量达到设定值后,仪器自动停止运行。

(8)实验结束后先将冷却水打开,使导热介质迅速冷却以备再次实验。最后切断外电源。

5. 注意事项

(1)由模塑条件不同而导致的实验结果差异,可通过实验前将试样退火,使之降至最小。

(2)如果实验材料的单个实验结果相差 2℃,则应重新进行实验。

6. 实验结果

将测得的温度等记录在表 41 - 3 中,并进行数据处理。

表 41 - 3　弯曲负载热变形温度数据记录及处理

序号	试样材料	所用砝码质量 m/kg	最大弯曲正应力 $\sigma/(\text{kg} \cdot \text{cm}^{-2})$	起始温度 $t_1/℃$	热变形温度 $t_2/℃$
平均值	—	—	—	—	—

7. 实验结果分析与问题讨论

(1)测定复合材料弯曲负载热变形温度有何意义?

(2)试说明如何确定试样的终点挠度值。

第8章 复合材料力学性能测试

实验 42 拉伸性能测试

1. 实验目的和原理

1)目的

(1)了解电子万能试验机的使用方法。

(2)掌握复合材料的拉伸实验方法。

(3)掌握根据测试曲线对复合材料力学性能进行分析的方法。

2)原理

拉伸实验是复合材料最基本的力学性能实验,它可用来测定纤维增强材料的拉伸性能。实验时对试样轴向匀速施加静态拉伸载荷,直到试样断裂或达到预定的伸长。测量在整个过程中施加在试样上的载荷和试样的伸长量,测定拉伸应力(拉伸屈服应力、拉伸断裂应力或拉伸强度)、拉伸弹性模量、泊松比、断裂伸长率,并绘制应力-应变曲线等。

拉伸应力指在试样的标距范围内,拉伸载荷与初始横截面积之比。拉伸屈服应力指在拉伸实验过程中,试样出现应变增加而应力不增加时的初始应力,该应力可能低于试样能达到的最大应力。拉伸断裂应力指在拉伸实验中,试样断裂时的拉伸应力。拉伸强度指材料拉伸断裂之前所承受的最大应力(当最大应力发生在屈服点时称为屈服拉伸强度,当最大应力发生在断裂时称为断裂拉伸强度)。拉伸应变指在拉伸载荷的作用下,试样在标距范围内产生的长度变化率。拉伸屈服应变指在拉伸实验中出现屈服现象的试样在屈服点处的拉伸应变。拉伸断裂应变指试样在拉伸载荷作用下出现断裂时的拉伸应变。拉伸弹性模量指在弹性范围内拉伸应力与拉伸应变之比。使用电脑控制设备时,可以将线性回归方程应用于屈服点以下的应力-应变曲线的绘制并测量其斜率,从而计算弹性模量。泊松比指在材料的比例极限范围内,由均匀分布的轴向应力引起的横向应变与相应的轴向应变之比的绝对值(对于各向异性材料,泊松比随应力的施加方向不同而不同)。若超过比例极限,该比值随应力变化,但不是泊松比。如果仍报告此比值,则应说明测定时的应力值。应力-应变曲线指应力与应变的关系图(通常以应力值为纵坐标,应变值为横坐标)。断裂伸长率指在拉力作用下,试样断裂时标距范围内的伸长量与初始长度的比值。

拉伸应力(拉伸屈服应力、拉伸断裂应力或拉伸强度)计算式为

$$\delta_t = \frac{F}{bd} \tag{42-1}$$

式中:δ为拉伸应力(拉伸屈服应力、拉伸断裂应力或拉伸强度)(MPa);F为破坏载荷(或

最大载荷)(N);b 为试样宽度(mm);d 为试样厚度(mm)。

断裂伸长率计算式为

$$\varepsilon_t = \frac{\Delta L_b}{L_0} \times 100\% \tag{42-2}$$

式中:ε_t 为试样断裂伸长率(%);ΔL_b 为试样拉伸断裂时标距 L_0 内的伸长量(mm);L_0 为测量的标距(mm)。

拉伸弹性模量计算式为

$$E_t = \frac{\sigma'' - \sigma'}{\varepsilon'' - \varepsilon'} \tag{42-3}$$

式中:E_t 为拉伸弹性模量(MPa);σ'' 为应变 $\varepsilon'' = 0.002\,5$ 时测得的拉伸应力值(MPa);σ' 为应变 $\varepsilon' = 0.000\,5$ 时测得的拉伸应力值(MPa)。

泊松比计算式为

$$\mu = \frac{\varepsilon_2}{\varepsilon_1} \tag{42-4}$$

式中:μ 为泊松比;ε_1,ε_2 分别为载荷增量对应的轴向应变和横向应变。

$$\varepsilon_1 = \frac{\Delta L_1}{L_1} \tag{42-5}$$

$$\varepsilon_2 = \frac{\Delta L_2}{L_2} \tag{42-6}$$

式中:L_1,L_2 分别为轴向与横向的测量标距(mm);ΔL_1,ΔL_2 分别为与载荷增量 ΔF 对应标距 L_1 和 L_2 的变形增量(mm)。

测定拉伸应力、拉伸弹性模量、断裂伸长率和应力-应变曲线,试样的型式和尺寸如图 42-1～图 42-3 以及表 42-1 所示。

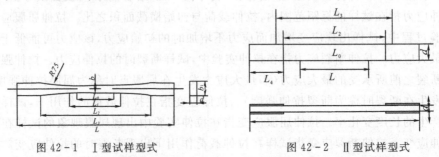

图 42-1 Ⅰ型试样型式　　　　　　图 42-2 Ⅱ型试样型式

表 42-1　Ⅰ型和Ⅱ型试样尺寸

单位:mm

符号	名称	Ⅰ型	Ⅱ型
L	总长(最小)	180	250
L_0	标距	50±0.5	100±0.5
L_1	中间平行段长度	55±0.5	—
L_2	端部加强片间距离	—	150±0.5
L_3	夹具间距离	115±5	170±5
L_4	端部加强片长度(最小)	—	50
b	中间平行段宽度	10±0.2	25±0.5
b_1	端头宽度	20±0.5	—
d	厚度	2～10	2～10

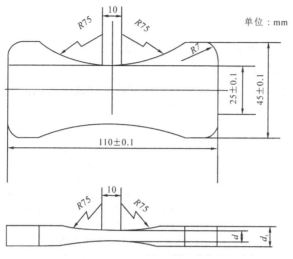

图 42-3　Ⅲ型试样型式

Ⅰ型试样适用于纤维增强热塑性和热固性塑料板材,Ⅱ型试样适用于纤维增强热固性塑料板材。Ⅰ,Ⅱ型仲裁试样的厚度为 4 mm。

Ⅲ型试样只适用于测定模压短切纤维增强塑料的拉伸强度,其厚度为 3 mm 或 6 mm。仲裁试样的厚度为 3 mm。测定短切纤维增强塑料的其他拉伸性能可以采用Ⅰ型和Ⅱ型试样。

测定泊松比的试样型式和尺寸如图 42-4 所示。

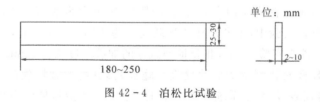

图 42-4　泊松比试验

Ⅰ、Ⅱ型及泊松比试样采用机械加工法制备,Ⅲ型试样采用模塑法制备。Ⅱ型试样加强片材料、尺寸的要求及黏结工艺如下:

(1)加强片采用与试样相同的材料或比试样弹性模量低的材料。

(2)加强片的厚度为 1～3 mm;若用单根试样黏结则加强片宽度为试样的宽度,若采用整个黏结再加工成单根试样,则加强片宽度要满足所要加工试样数量的要求。

(3)在黏结加强片前,先用砂纸打磨黏结表面,注意不要损伤材料强度;再用溶剂(如丙酮)清洗黏结表面;然后用韧性较好的室温固化黏结剂(如环氧胶黏剂)黏结;最后对试样黏结部位施加压力并保持一定时间,直至完成固化。

2. 测试参考

《纤维增强塑料拉伸性能试验方法》(GB/T 1447—2005),《聚合物基复合材料拉伸性能试验方法》(ASTM D 3039—2014)。

3. 实验条件

复合材料的拉伸性能测试实验开始前需如实填写实验记录,主要将实验时间、实验操作人员及实验条件填写在表42-2中。

表42-2　复合材料的拉伸性能测试实验记录表

实验时间	
实验内容	复合材料的拉伸性能测试
实验环境	温度:　　℃;湿度:　　%
实验仪器及设备	微控电子万能试验机、游标卡尺
实验所需材料	纤维增强热塑性和热固性塑料板材
实验操作人	

4. 实验步骤

(1)实验准备。将合格试样进行编号、测量和划线,用游标卡尺测量试样工作段任意三处的宽度 b、厚度 h 和标距 L_0,取算术平均值,精确到 0.01 mm。

(2)夹持试样。使试样的中心线与试验机上、下夹具的对准中心线一致,夹紧(Ⅲ型试样选择对应夹具)。

(3)准备加载。测定拉伸弹性模量、泊松比、断裂伸长率并绘制应力-应变曲线时,加载速度一般为 2 mm/min。测定拉伸应力(拉伸屈服应力、拉伸断裂应力或拉伸强度)时,可分以下两种情况:①常规实验中,Ⅰ型试样的加载速度为 10 mm/min,Ⅱ、Ⅲ型试样的加载速度为 5 mm/min;②仲裁实验中,Ⅰ,Ⅱ 和Ⅲ型试样的加载速度均为 2 mm/min。

(4)在试样工作段安装测量变形的仪表。施加初载(约为破坏载荷的 5%),检查并调整试样及变形测量仪表,使整个系统处于正常工作状态。测定拉伸应力时连续加载直至试样破坏,记录试样的屈服载荷、破坏载荷或最大载荷及试样破坏形式。

5. 注意事项

(1)若试样出现以下情况应予作废:①试样在有明显内部缺陷处破坏;②Ⅰ型试样在夹具内或圆弧处破坏;③Ⅱ型试样在夹具内破坏或试样断裂处离夹紧处的距离小于 10 mm。

(2)同批有效试样不足 5 个时,应重做实验。

(3)Ⅲ型试样在非工作段破坏时,仍用工作段横截面积来计算拉伸强度,且应记录试样断裂位置。

6. 实验结果

(1)将测得的原材料的宽度、厚度、标距等记录在表 42-3 中,并进行数据处理。

(2)利用计算机画出各个复合材料试样的应力-应变曲线。

(3)按照式(42-1)~式(42-6)计算各试样力学性能,并记录在表 42-3 中。

(4)比较不同复合材料的拉伸力学性能差别,并解释说明其原因。

表 42 - 3　拉伸性能数据记录及处理表

设备名称、型号：_____　生产厂家：_____

序号	试样材料	试样宽度 b/mm	试样厚度 h/mm	标距 L_0/mm	拉伸应力 σ_t/MPa	断裂伸长率 ε_t/(%)	拉伸弹性模量 E_t/MPa	泊松比 μ
1								
2								
3								
4								
5								
平均值	—	—	—	—				

7. 实验结果分析与问题讨论

拉伸试样的中心线为什么要与实验机上、下夹具的对准中心线一致？

实验 43　压缩性能测试

1. 实验目的和原理

1）目的

（1）了解力学试验机的使用方法。

（2）掌握复合材料的压缩实验方法。

2）原理

压缩实验是复合材料最基本的力学性能实验，它可用来测定纤维增强材料的压缩性能。实验时通过能避免试样失稳、防止试样偏心和端部挤压破坏的压缩夹具对试样施加轴向载荷，使试样在工作段内压缩破坏，记录验区的载荷和应变（或变形），求出需要的压缩性能。

压缩应力是指由垂直于作用面施加的压缩力所产生的法向应力。压缩应变是指在压缩应力的作用下，试样减少的高度与其初始高度之比。压缩强度是指试样可承受的最大压缩应力。压缩弹性模量是材料在弹性范围内压缩应力与相应的压缩应变之比，即压缩应力-应变曲线在比例极限内直线段的斜率。压缩割线模量即压缩应力-应变曲线上原点与某特定的点之间连线的斜率。

压缩应力计算式为

$$\sigma_c = \frac{P}{bh} \tag{43-1}$$

式中：P 为特定时刻的压缩载荷（N）；b 为试样宽度（mm）；h 为试样厚度（mm）；σ_c 为压缩载荷为 P 时的压缩应力（MPa）。

压缩应变计算式为

$$\varepsilon_c = \frac{\Delta L}{L} \qquad\qquad (43-2)$$

式中：ΔL 为标距段的变形量（mm）；L 为标距（mm）；ε_c 为对应于 ΔL 的应变量，当用应变片直接测量应变时，可直接读取。所有变形量或应变值，都取试样两面测得的平均值（下同）。

压缩弹性模量计算式为

$$E_c = \frac{\sigma_c'' - \sigma_c'}{\varepsilon_c'' - \varepsilon_c'} \qquad\qquad (43-3)$$

式中：E_c 为压缩弹性模量（MPa）；ε_c'，ε_c'' 为压缩应力-应变曲线初始直线段上的任意两点的应变；σ_c'，σ_c'' 为对应于 ε_c'，ε_c'' 测得的拉伸应力值（MPa）。

压缩割线模量计算式为

$$E_{cx} = \frac{P_x}{bh\varepsilon_{cx}} \times 10^{-3} \qquad\qquad (43-4)$$

式中：E_{cx} 为对应点的压缩割线模量（GPa）；P_x 为对应于 ε_{cx} 的压缩载荷（N）；b 为试样宽度（mm）；h 为试样厚度（mm）；ε_{cx} 为压缩应力-应变曲线上某一点对应的应变。

2. 测试参考

《纤维增强塑料面内压缩性能试验方法》（GB/T 5258—2008），《用组合载荷压缩固定试验设备测定聚合体基复合材料层压板压缩特性的方法》（ASTM D6641/D6641M—2009）。

3. 实验条件

复合材料的压缩性能测试实验开始前需如实填写实验记录，主要将实验时间、实验操作人员及实验条件填写在表 43-1 中。

表 43-1　复合材料的压缩性能测试实验记录表

实验时间	
实验内容	复合材料的压缩性能测试
实验环境	温度：　　℃；湿度：　　%
实验仪器及设备	游标卡尺、应变片、引伸计、力学试验机
实验所需材料	
实验操作人	

测定压缩应力、压缩弹性模量和应力-应变的试样型式和尺寸，如图 43-1 以及表 43-2 所示。

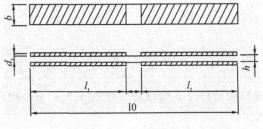

图 43-1　试样形状

表 43-2　试样尺寸

单位:mm

尺寸	符号	试样 1	试样 2	试样 3
总长	l_0	110±1	110±1	125±1
厚度	h	2±0.2	(2~10)±0.2	≥4
宽度	b	10±0.5	10±0.5	25±0.5
加强片/夹头间距离	L	10	10	25
加强片长度	l_t	50	50(若用)	—
加强片厚度	d_t	1	0.5~2(若用)	—

注:使用 C 型夹具和试样 3 进行实验时,应保证试样上端伸出夹具的长度不小于材料的最大压缩变形。

试样Ⅰ为矩形截面的直条试样,必须贴加强片;试验Ⅱ为矩形截面的直条试样,必要时可以贴加强片以防止端部压坏;试验Ⅲ为矩形截面的直条试样,不贴加强片。

试样的端部必须加强时,加强片推荐采用 0°/90°正交铺设的或玻璃纤维织物/树脂形成的材料,且加强片纤维方向与试样的轴向成±45°。加强片厚度应在 0.5~2 mm。如果在较大端部载荷下加强片发生破坏,则可把加强片角度调整 0°/90°。加强片可用铝板,或强度和刚度均不小于推荐的加强片材料的其他适当材料。

加强片可以对单根试样单独粘贴,也可先将整块试样板材粘贴好,再切割成试样。加强片、试样黏结面应经打磨、清洗处理,不允许损伤纤维,用室温固化或低于材料固化温度的胶黏剂黏结。加强片的端头、宽度应与试样一致,确保在实验过程中加强片不脱落。加强片与试样间应胶结密实,并保证加强片互相平行且与试样中心线对称。

4. 实验步骤

(1)实验准备。将合格试样进行编号、测量和划线,用游标卡尺测量试样工作段任意三处的宽度 b、厚度 h 和标距 L,取算术平均值,精确到 0.01 mm。

(2)贴好应变片或安装引伸仪,以保证弯曲不超过规定,需要在试样两面对称点上测量应变。

(3)把试样装载到压缩夹具上。调整夹具和试样进行试加载,直至满足初始弹性段两面应变读数基本一致。

(4)以(1±0.5)mm/min 的速度进行加载,直至破坏。

(5)连续记录载荷和应变(或变形)。若无自动记录,以预估破坏载荷的 5%的级差进行分级加载。

(6)记录实验过程中出现的最大载荷。

(7)记录破坏模式。试样的破坏模式分为 A 型~F 型 6 种,如图 43-2 所示。

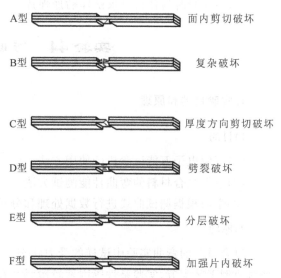

A 型　　　　面内剪切破坏

B 型　　　　复杂破坏

C 型　　　　厚度方向剪切破坏

D 型　　　　劈裂破坏

E 型　　　　分层破坏

F 型　　　　加强片内破坏

图 43-2　典型破坏模式

5. 注意事项

(1)若试样出现以下两种情况,实验数据作废:试样在夹持区内破坏,且数据低于正常破坏数据的平均值;试样端部出现破坏。

(2)同批有效试样不足 5 个时,应重做实验。

6. 实验结果

(1)将测得的原材料的宽度、厚度、标距等记录在表43-3 中。

(2)利用计算机画出各个复合材料试样的应力-应变曲线。

(3)按照式(43-1)~式(43-4)计算各个试样的力学性能,并记录在表43-3中。

表 43-3 数据记录及计算表

设备名称、型号:_____ 生产厂家:_____

序号	试样材料	试样宽度 b/mm	试样厚度 h/mm	标距 L/mm	压缩应力 σ_c/MPa	压缩应变 ε_c/(%)	压缩弹性模量 E_c/MPa	压缩割线模量 E_{cx}/MPa
1								
2								
3								
4								
5								
平均值	—	—	—	—				

7. 实验结果分析与问题讨论

(1)试样在试加载时,为什么需要保证初始弹性段两面应变读数基本一致?

(2)在实验时为什么要求试样贴加强片?

实验 44 弯曲性能测试

1. 实验目的和原理

1)目的

(1)了解电子万能试验机的使用方法。

(2)掌握复合材料的弯曲性能测试方法。

(3)学习根据测试曲线进行数据处理和分析。

2)原理

复合材料的弯曲实验中试样的受力状态比较复杂,有拉力、压力、剪切力、挤压力等,因而对成型工艺配方、实验条件等因素较敏感。在实验中采用无约束支撑,通过三点弯曲法,以恒定的加载速率使试样破坏或达到预定的挠度值。在整个过程中,测量施加在试样上的载荷和试样的挠度,确定弯曲强度、弯曲弹性模量以及弯曲应力-应变的关系。

弯曲应力指标距中点试样外表面的应力。弯曲强度指试样的弯曲破坏达到破坏载荷或最大载荷时的弯曲应力。挠度指标距中点试样外表面在弯曲过程中距初始位置的距离。弯曲应变指标距中点试样外表面的长度变化率。弯曲弹性模量指材料在弹性范围内,弯曲应力与相应的弯曲应变之比。载荷-挠度曲线是弯曲实验中记录的力对变形的关系曲线。根据复合材料的载荷-挠度曲线可以计算复合材料的弯曲强度 σ_b 和弯曲弹性模量 E_b:

$$\sigma_b = \frac{3PL_0}{2bh^2} \tag{44-1}$$

$$E_b = \frac{L_0^3 \Delta P}{4bh^3 \Delta S} \tag{44-2}$$

式中:σ_b 为弯曲强度(MPa);P 为破坏载荷(或最大载荷)(N);L_0 为标距(mm);b 为试样宽度(mm);h 为试样厚度(mm);E_b 为弯曲弹性模量(MPa);ΔP 为载荷-挠度曲线上初始直线段的载荷增量(N);ΔS 为与载荷增量 ΔP 对应的标距中点处的挠度(mm)。

若考虑挠度 S 作用下支座水平分力对弯曲的影响,可按下式计算弯曲强度:

$$\sigma_f = 2 \frac{3P \cdot L_0}{2b \cdot h^2} \left[1 + 4\left(\frac{S}{L_0}\right)^2\right] \tag{44-3}$$

式中:S 为试样标距中点处的挠度(mm)。采用自动记录装置时,对于给定的应变 $\varepsilon'' = 0.0025$,$\varepsilon' = 0.0005$,弯曲弹性模量为

$$E_b = 500(\sigma'' - \sigma') \tag{44-4}$$

式中:E_b 为弯曲弹性模量(MPa);σ'' 为应变为 0.0005 时测得的弯曲应力(MPa);σ' 为应变 ε'' 为 0.0025 时测得的弯曲应力(MPa)。如材料说明或技术说明中另有规定,ε' 和 ε'' 可取其他值。

试样外表面的应变 ε 按下式计算:

$$\varepsilon = \frac{6S \cdot h}{L_0^2} \tag{44-5}$$

2. 测试参考

《纤维增强塑料弯曲性能试验方法》(GB/T 1449—2005),《聚合物基复合材料弯曲性能试验方法》(ASTM D7264/D7264M—2007)。

3. 实验条件

复合材料的弯曲性能测试实验开始前需如实填写实验记录,主要将实验时间、实验操作人员及实验条件填写在表 44-1 中。

表 44-1　复合材料的弯曲性能测试实验记录表

实验时间	
实验内容	复合材料的弯曲性能测试
实验环境	温度:　　℃;湿度:　　%
实验仪器及设备	微控电子万能试验机、游标卡尺等
实验所需材料	
实验操作人	

复合材料试样加载形式如图 44-1 所示。加载上压头应为圆柱面,其半径 R 为(5±

0.1)mm。对于支座圆角半径 r：试样厚度 $h > 3$ mm 时，$r = (2 \pm 0.2)$ mm；试样厚度 $h \leqslant 3$ mm 时，$r = (0.5 \pm 0.2)$ mm；若试样出现明显支座压痕，r 应改为 2 mm。

试样尺寸见表 44-1，仲裁试样尺寸见表 44-2。

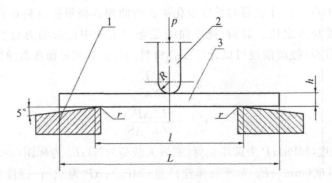

图 44-1　试样加载示意图

表 44-1　试样的尺寸

厚度 h/mm	纤维增强热塑性 塑料宽度/mm	纤维增强热固性 塑料宽度/mm	最小长度 $L_{\min}$/mm
$1 < h \leqslant 3$	25 ± 0.5	15 ± 0.5	
$3 < h \leqslant 5$	10 ± 0.5	15 ± 0.5	
$5 < h \leqslant 10$	15 ± 0.5	15 ± 0.5	
$10 < h \leqslant 20$	20 ± 0.5	30 ± 0.5	$20h$
$20 < h \leqslant 35$	35 ± 0.5	50 ± 0.5	
$35 < h \leqslant 50$	50 ± 0.5	80 ± 0.5	

表 44-2　仲裁试样尺寸

材料	长度 L/mm	宽度 b/mm	厚度 h/mm
纤维增强热塑性塑料	$\geqslant 80$	10 ± 0.5	4 ± 0.2
纤维增强热固性塑料	$\geqslant 80$	15 ± 0.5	4 ± 0.2
短切纤维增强材料	$\geqslant 120$	15 ± 0.5	6 ± 0.2

4. 实验步骤

(1)给试样编号，在试样上划线，测量试样中间 1/3 标距处任意三点的宽度 b 和厚度 h，取算术平均值，精确到 0.01 mm。

(2)调节标距 L_0 及上压头的位置，使加载上压头位于支座中间，且上压头和支座的圆柱面轴线相平行。标距 L_0 可由试样厚度 h 换算而得，$L_0 = (16 \pm 1)h$。

对于很厚的试样，为避免层间剪切破坏，L_0/h 可大于 16，可取值为 32 或 40；对于很薄的试样，为使其载荷落在试验机许可的载荷容量范围内，L_0/h 可小于 16，可取值为 10。

(3)标记试样受拉面，将试样对称地放在两支座上。

(4)将测量变形的仪表置于标距中点处，与试样下表面接触。施加初载（约为破坏载荷的 5%)，检查和调整仪表，使整个系统处于正常状态。

（5）选择合适的加载速度连续加载。测定弯曲强度时，常规实验速度为 10 mm/min；仲裁速度值为试样厚度值的一半。测定弯曲弹性模量及载荷-挠度曲线时，实验速度一般为 2 mm/min。

（6）测定弯曲强度时，连续加载，若挠度达到 1.5 倍试样厚度且材料被破坏，记录最大载荷或破坏载荷。若挠度达到 1.5 倍试样厚度但材料未被破坏，则记录该挠度下的载荷。

（7）若试样呈层间剪切破坏、有明显内部缺陷或在距试样中点 1/3 以外处破坏，则其数据予以作废，同批有效试样不足 5 个时，应重做实验。

5. 注意事项

（1）当换算标距 L_0 的时候，应当注意根据试样的厚度选择不同的比值进行换算。

（2）试样破坏后继续观察破坏情况，根据步骤（7）对其进行检查，从而确定数据的有效性。

6. 实验结果

（1）将测得的原材料的宽度、厚度等记录在表 44-3 中并进行数据处理。

（2）利用计算机画出各个复合材料试样的弯曲力学性能曲线。

（3）按照相应公式计算试样力学性能，并记录在表 44-3 中。

（4）比较不同复合材料的弯曲力学性能差别，建立影响弯曲性能的各因素之间的关联性。

表 44-3　弯曲性能实验数据记录及计算表

设备名称、型号：_____　　　　生产厂家：_____

序号	试样材料	试样宽度 b/mm	试样厚度 h/mm	弯曲强度 σ_b/MPa	弯曲弹性模量 E_f/MPa	试样表面层应变 ε/(%)
1						
2						
3						
4						
5						
平均值	—	—	—			

7. 实验结果分析与问题讨论

（1）讨论试样弯曲过程中的应力状态。

（2）若试样呈层间剪切破坏、有明显内部缺陷或在距试样中点 1/3 以外处破坏，其数据为什么要予以作废？

（3）同批有效试样不足 5 个时，为什么应重做实验？

实验 45　层间剪切性能测试

1. 实验目的和原理

1) 目的

(1) 掌握复合材料的层间剪切性能测试方法。

(2) 学习根据测试数据进行数据处理和分析。

2) 原理

复合材料的层间剪切性能一般是通过短梁实验量化的,其采用小跨厚比三点弯曲法获得试样的短梁剪切强度。短梁剪切强度按照下式计算(结果保留 3 位有效数字):

$$\tau_{sbs} = \frac{3}{4} \frac{P_{max}}{wh} \tag{45-1}$$

式中:τ_{sbs} 为短梁剪切强度(MPa);P_{max} 为破坏前试样承受的最大载荷(N);w 为试样宽度(mm);h 为试样厚度(mm)。

2. 测试参考

《聚合物基复合材料短梁剪切强度试验方法》(GB/T 30969—2014)。

3. 实验条件

复合材料的层间剪切性能测试实验开始前需如实填写实验记录,主要将实验时间、实验操作人员及实验条件填写在表 45-1 中。

表 45-1　复合材料的层间剪切性能测试实验记录表

实验时间	
实验内容	复合材料的层间剪切性能测试
实验环境	温度:　　℃;湿度:　　%
实验仪器及设备	游标卡尺、加载头、支座、环境箱、力学试验机
实验所需材料	
实验操作人	

1) 平板试样

实验中的夹具的加载头半径为 3 mm,2 个支座的半径为 1.5 mm,加载头和支座的长度至少应超过试样宽度 4 mm,硬度(HRC)为 40~45,如图 45-1 所示。

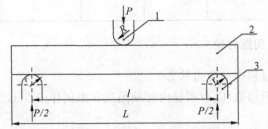

1—加载头;2—试样;3—支座;R—加载头半径,R=3 mm;
r—支座半径,r=1.5 mm;l—跨距;L—试样长度;P—压力

图 45-1　平板试样加载示意图

平板试样的形状如图 45-2 所示,试样的几何尺寸要求:试样厚度 $h=2\sim6$ mm;试样宽度 $w=(2\sim3)h$;试样长度 $L=5h+10$ mm。

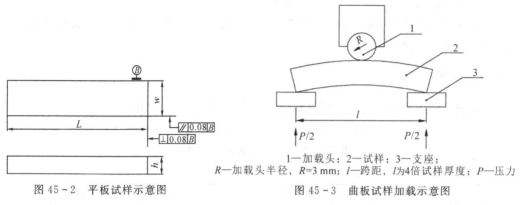

图 45-2　平板试样示意图

1—加载头；2—试样；3—支座；
R—加载头半径,$R=3$ mm；l—跨距,l 为4倍试样厚度；P—压力

图 45-3　曲板试样加载示意图

2)曲板试样

实验中的夹具的加载头半径为 3 mm,支座采用 2 块平板,加载头和支座的长度至少应超过试样宽度 4 mm,硬度(HRC)为 40~45,如图 45-3 所示。曲板试样的形状如图 45-4 所示,试样的几何尺寸要求:试样厚度 $h=2\sim6$ mm;试样宽度 $w=(2\sim3)h$;试样长度(最小弦长)$L=5h+10$ mm;圆心角 $\theta\leqslant30°$;曲率半径 $R_s=L/2\sin(\theta/2)-h$

4. 实验步骤

(1)检查试样外观,对每个试样编号。实验前,试样在实验室标准环境条件下至少放置 24 h。

(2)状态调整后,测量试样中心截面处的宽度和厚度,宽度测量精确到 0.02 mm,厚度测量精确到 0.01 mm。

(3)调整跨距,使支座跨厚比为 4,测量精确到 0.1 mm。调整加载头和支座,使加载头和两侧支座等距,测量精确到 0.1 mm。将试样居中置于试验夹具中,使试样光滑面置于支架上,将试样中心与加载头中心对齐,并使试样长轴与加载头和支座垂直。

(4)以 1~2 mm/min 加载速度对试样连续加载,直到试样破坏或加载头的位移超过了试样的名义厚度时,停止实验。若试样破坏,则记录试样失效模式和最大载荷。

(5)典型的失效模式如图 45-5 所示。记录破坏模式。

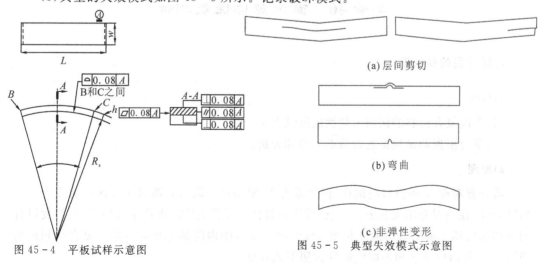

(a)层间剪切

(b)弯曲

(c)非弹性变形

图 45-4　平板试样示意图

图 45-5　典型失效模式示意图

5. 注意事项

(1)每种实验情况至少进行 5 个试样的测试。

(2)加载方式是连续加载,直到试样破坏或加载头的位移超过了试样的名义厚度时,才停止加载,并进行记录。

6. 实验结果

(1)将测得的原材料的宽度、厚度、最大载荷等记录在表 45-2 中。

(2)按照式(45-1)计算各个试样短梁剪切强度,并记录在表 45-2 中。

表 45-2　数据记录及计算表

设备名称、型号:_____

序号	试样材料	试样宽度 w/mm	试样厚度 h/mm	标距 L/mm	最大载荷 P_{max}/N	短梁剪切强度 τ_{sbs}/MPa
1						
2						
3						
4						
5						
平均值	—			—	—	

7. 实验结果分析与问题讨论

(1)为什么需要使支座跨厚比为 4?

(2)为什么需要把试样的光滑面置于支架上,将试样中心与加载头中心对齐,并使试样长轴与加载头和支座垂直?

实验 46　面内剪切性能测试

1. 实验目的和原理

1)目的

(1)掌握复合材料的面内剪切性能测试方法。

(2)学习根据测试数据进行数据处理和分析。

2)原理

将开有对称 V 型槽口的试样(试样带有 V 型槽口可以有效改善工作区内剪应力的均匀性)夹持在一对专用夹具上,通过试验机的拉伸在试样工作区内产生剪切力,最终使试样因剪切而破坏。极限剪切强度是指 5% 剪切应变范围内的最大剪应力值。复合材料的剪切应力 τ、剪切应变 γ 和剪切模量 G 按照下式计算:

$$\tau = \frac{F}{hb} \tag{46-1}$$

$$\gamma = \mid \varepsilon_1 \mid + \mid \varepsilon_2 \mid \tag{46-2}$$

$$G = \frac{\Delta \tau}{\Delta \gamma} \tag{46-3}$$

式中: τ 为剪切应力(MPa); F 为载荷(N); h 为试样厚度(mm); b 为试样槽口处宽度(mm); γ 为剪切应变; ε_1, ε_2 为 $+45°$ 和 $-45°$ 方向应变值; G 为剪切模量(GPa); $\Delta \tau$ 为剪切应力增量(MPa); $\Delta \gamma$ 为与剪切应力增量对应的剪切应变增量。

2. 测试参考

《复合材料面内剪切性能试验方法》(GB/T 28889—2012)。

3. 实验条件

复合材料的面内剪切性能测试实验开始前需如实填写实验记录,主要将实验时间、实验操作人员及实验条件填写在表 46-1 中。

表 46-1　复合材料的面内剪切性能测试实验记录表

实验时间	
实验内容	复合材料的面内剪切性能测试
实验环境	温度:　　℃;湿度:　　%
实验仪器及设备	试验机、游标卡尺、量角器、应变测试仪、夹具(游标卡尺:用于测量试样的宽度、厚度和 V 型槽直径,精确到 0.01 mm;量角器:测量试样的 V 型槽角度,精确至 1°;应变测试仪:电阻应变仪测量应变,应变仪至少拥有 4 个通道,能够测量 3% 的应变;夹具如图 46-1 所示,夹具应有足够刚度且能够稳定夹持试样,能确保上、下夹具的加载中心线通过两个 V 型槽口中心)
实验所需材料	
实验操作人	

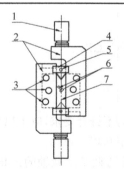

1—试验机接口;2—固定块(对称);
3—夹具螺钉;4—垫块(对称);
5—垫块螺钉;6—应变片;
7—试样

图 46-1　面内剪切夹具示意图

注螺钉用于给夹持齿面施加压力,垫块用于固定试样位置。垫块可使用硬塑料等具备一定刚度的材料,以填充夹具间空隙。

试样的形状和尺寸要求如下:

(1)V 型槽口试样,具体尺寸如图 46-2 所示。

(2)推荐试样的厚度为 2~5 mm。

试样制备要求如下：试样应对称铺层，即 $[\theta_1/\theta_2/\cdots/\theta_m]$，如 $90°/0°/0°/90°$ 铺层；试样的 V 型槽口应对称，且槽口线与加载中心线 Y 垂直，如图 46-3 所示；每组试样不少于 5 个。

当板材 X 方向纤维多于 Y 方向纤维时，宜将板材旋转 $90°$ 加工。

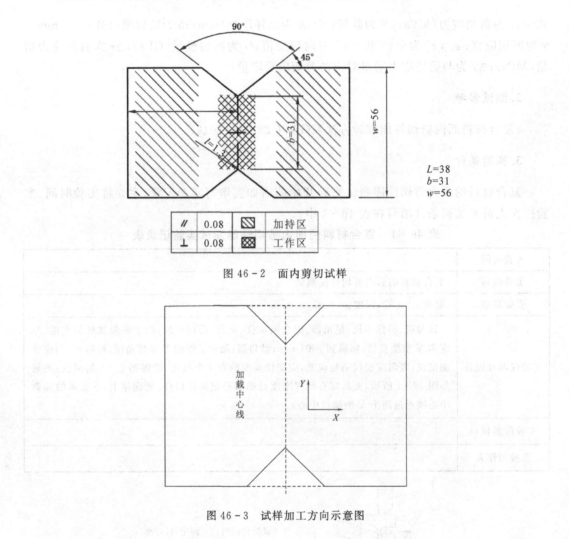

//	0.08	▨	加持区
⊥	0.08	▩	工作区

$L=38$
$b=31$
$w=56$

图 46-2　面内剪切试样

图 46-3　试样加工方向示意图

4. 实验步骤

（1）检查试样外观，若试样有缺陷或尺寸、槽口方向不符合要求，应予以作废。对每个试样编号，在槽口处测量 3 次宽度和厚度后取平均值，精确至 0.01 mm。

（2）在试样中心贴应变片，应变片位于试样凹槽中心两端加载轴的 $\pm45°$ 方向，如图 46-1 所示。

（3）先在一边的夹具上插入试样并在空隙处放上垫块，将试样移动到夹具（见图 46-4）中间位置，稍微拧紧夹具螺钉和垫块螺钉以固定试样，然后载荷清零。连接应变仪，对应变清零。

（4）将试样插入另一边的夹具并对称拧紧所有夹具螺钉，稍拧松垫块螺钉使其能上下滑动。

(5)以 2 mm/min 速度进行实验,在实验过程中,同步记录载荷和应变值,直至试样破坏;若设备无法自动记录,可采用分级加载的方式,级差选择破坏载荷的 5%～10%。

(6)记录实验过程中发生载荷突然下降或试样发生破坏时的载荷、应变和试样状况。

(7)如在非工作区发生破坏或有非剪应力造成的破坏时,试样应予以报废。同批有效试样数量不足 5 个时,应另取试样补充或重做实验。

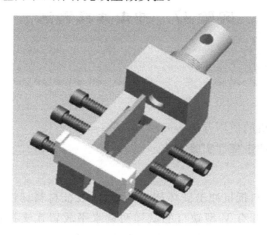

图 46 - 4　面内剪切夹型式

5. 注意事项

(1)每种实验情况至少进行 5 个有效试样的测试。

(2)对夹具螺钉施加的扭力应视试样的铺层和厚度而定,过大会导致非工作区破坏,过小会发生滑动,通常施加的扭力为 40～55 N·m。

6. 实验结果

(1)将测得的原材料 V 型槽口的宽度、厚度、及破坏时的载荷和应变等记录在表 46 - 2 中。

(2)按照式(46 - 1)～式(46 - 3)计算各个试样的剪切应力、剪切应变及剪切模量,并记录在表 46 - 2 中。

表 46 - 2　数据记录及计算表

序号	试样厚度 h/mm	试样槽口宽度 b/mm	载荷 F/N	+45°方向应变值 ε_1	-45°方向应变值 ε_2	剪切应力 τ/N	剪切应变 γ/MPa	剪切模量 G/GPa	备注
1									
2									
3									
4									
5									
平均值									

7. 实验结果分析与问题讨论

(1)试样带有 V 型槽口的作用是什么?

(2)如何对夹具上的螺钉施加合适的扭力?

实验 47   冲击性能测试

1. 实验目的和原理

1)目的

(1)了解冲击试验机的使用方法。

(2)掌握简支梁式冲击韧性实验方法。

2)原理

冲击强度是评价材料抵抗冲击破坏能力的指标,表征材料韧性大小,因此冲击强度也常被称为冲击韧性。将开有 V 型缺口的试样两端水平放置在支撑物上,缺口背向冲击摆锤,摆锤向试样中间撞击一次,使试样受冲击时产生应力集中而迅速破坏,测定试样的吸收能量。冲击实验的应用主要有:作为韧性指标,为选材和研制新的复合材料提供依据;检查和控制复合材料产品质量;评定材料在不同温度下的脆性转化趋势;确定应变失效敏感性。

对于不能自动计算冲击性能的试验机,可按下式计算试样的冲击韧性 a_k:

$$a_k = \frac{W}{bh} \tag{47-1}$$

式中:W 为冲断试样所消耗的功(J);b 为试样缺口处的宽度(cm);h 为试样缺口处的深度(cm)。

2. 测试参考

《纤维增强塑料简友梁式冲击韧性试验方法》(GB/T 1451—2005)。

3. 实验条件

复合材料的冲击性能测试实验开始前需如实填写实验记录,主要将实验时间、实验操作人员及实验条件填写在表 47-1 中。

表 47-1   复合材料的冲击性能测试实验记录表

实验时间	
实验内容	复合材料的冲击性能测试
实验环境	温度:　　℃;湿度:　　%
实验仪器及设备	摆锤式冲击试验机、游标卡尺等
实验所需材料	
实验操作人	

简支梁式摆锤冲击试验机工作原理如图 47 - 1 所示。

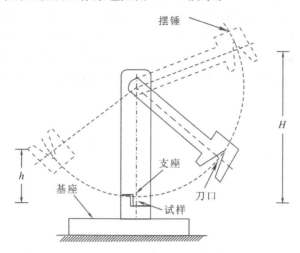

图 47 - 1　摆锤冲击试验机工作原理示意图

如果摆锤的质量用 m 表示,摆杆长度为 L,则摆锤打下所做的功为

$$W_0 = mL(1 - \cos\alpha) \qquad (47 - 2)$$

$$W_0 = mL(1 - \cos\beta) + W + W_\alpha + W_\beta + \frac{1}{2}m'v^2 \qquad (47 - 3)$$

式中:W 为打断试样所消耗的功;W_α 为在摆角 α 以内克服空气阻力所消耗的功;W_β 为在摆角 β 内克服空气阻力所消耗的功;$\frac{1}{2}m'v^2$ 为试样被打断后飞出的动能;$mL(1 - \cos\beta)$ 为打断试样后摆锤仍具有的势能。

一般情况下 W_α,W_β 和 $\frac{1}{2}m'v^2$ 三项可忽略不计,于是式(47 - 2)、式(47 - 3)组合后为

$$W = mL(\cos\beta - \cos\alpha) \qquad (47 - 4)$$

冲击强度 a_k 为打断试样单位横截面积上所消耗的功:

$$a_k = \frac{W}{A} \qquad (47 - 5)$$

式中:A 为试样的横截面积(cm^2);W 为打断试样所消耗的功(J)。

复合材料试样型式及尺寸:缺口方向与织物垂直的试样型式及尺寸如图47 - 2(a)所示;缺口方向与织物平行的试样型式及尺寸如图 47 - 2(b)所示;短切纤维增强塑料的试样型式及尺寸如图 47 - 2(c)所示。

4. 实验步骤

(1)实验准备:将制备好的试样编号,精确测量试样的宽度、厚度和缺口深度,精确到 0.02 mm;然后将试样放入标准环境[温度为(23±2)℃,相对湿度为 45%～55%]或干燥器中平衡 24 h。若试样宽度、厚度或缺口深度任一数据的离散系数小于 5%,试样数量为 5 个;若其离散系数均大于 5%,则试样数量不得少于 10 个。

(2)选择摆锤:选择能量合适的摆锤,使冲断试样所消耗的功落在满能量的 10%～80% 范围内。

(3)调节标距:用标准跨距板调节支座的标距,使其为(70±0.5)mm。

（4）清零：实验前应先使摆锤自然静止，按清零键使角度值变为零。

（5）空载冲击：作一次空载冲击实验，系统会自动记录并补偿空气阻力损耗。

（6）测试试样：如图47-3所示，用试样定位板将试样安放在试样支座上，缺口背对摆锤。设置仪器参数并输入试样规格，进行冲击，记录冲断试样所消耗的功、冲击韧性及试样的破坏形式。有明显内部缺陷的试样和不在缺口处断裂的试样都应作废。

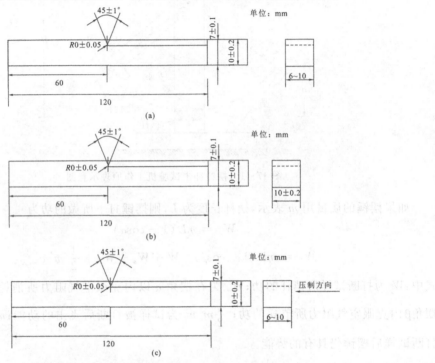

图 47-2　试样规格示意图

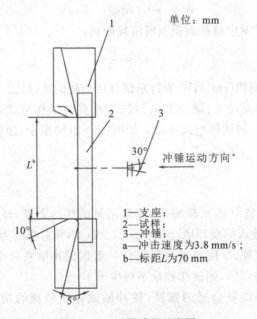

1—支座；
2—试样；
3—冲锤；
a—冲击速度为3.8 mm/s；
b—标距L为70 mm

图 47-3　试样放置示意图

5. 注意事项

(1)试样被冲击后有些会飞出,测试人员尽量站在试验机左侧,注意避免撞击和划伤。
(2)一次冲击后,应在摆锤摆回至挂靠侧最高点时顺势抓牢挂靠,以防手腕受伤。
(3)5 个平行试样为一组数据,若有个别试样偏差较大,应重新测量。

6. 实验结果

(1)将测得的原材料长、宽、厚以及缺口深度等记录在表 47 - 2 中并进行数据处理。
(2)按照相应公式计算试样冲击韧性,并记录在表 47 - 2 中。
(3)比较不同复合材料抗冲击性能的差别,建立影响冲击性能各因素之间的关联性。

表 47 - 2　冲击性能实验数据记录及计算表

设备名称、型号:_____　　　生产厂家:_____

序号	试样材料	试样尺寸 (长×宽×厚)/mm	缺口深度/ mm	吸收功/J	冲击韧度/ (kJ·m^{-2})
1					
2					
3					
4					
5					
平均值	—			—	—

7. 实验结果分析与问题讨论

(1)冲击试样为什么要开缺口?
(2)如何根据冲击实验结果判断试样的脆韧性?
(3)如何选择合适的冲击摆锤?

实验 48　疲劳性能测试

1. 实验目的和原理

1)目的

(1)了解疲劳试验机的使用方法。
(2)掌握复合材料拉-拉疲劳实验方法。

2)原理

在不同的拉伸应力或应变水平下,以恒定的应力或应变振幅、应力比或应变比和频率对试样施加交变应力或应变,持续至试样失效,对实验结果进行分析处理,绘制应力-寿命($S-N$)或应变-寿命($\varepsilon-N$)曲线。

2.测试参考

《聚合物基复合材料疲劳性能测试方法 第3部分:拉-拉疲劳》(GB/T 35465.3—2017),《聚合物基复合材料拉伸性能试验方法》(ASTM D3039/D3039M—2014)。

3.实验条件

复合材料的疲劳性能测试实验开始前需如实填写实验记录,主要将实验时间、实验操作人员及实验条件填写在表48-1中。

表48-1 复合材料的疲劳性能测试实验记录表

实验时间	
实验内容	复合材料的疲劳性能测试
实验环境	温度: ℃;湿度: %
实验仪器及设备	疲劳试验机、游标卡尺等
实验所需材料	
实验操作人	

试样分为直条型和哑铃型,在特殊需求下,也可采用四面加工型试样。单向层合板采用直线型或四面加工型试样,其他层合板可采用直条型或哑铃型试样,模压短切毡等非层合板试样采用哑铃型试样。直线型试样的形状如图48-1所示,尺寸见表48-2;哑铃型试样形状和尺寸如图48-2所示;四面加工型试样形状和尺寸如图48-3所示。

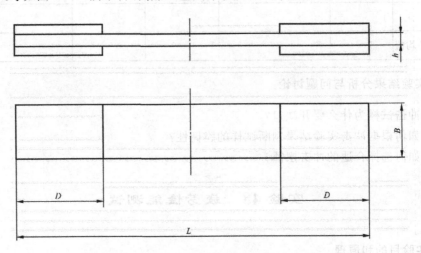

h—试样厚度;B—试样宽度;D—加强片长度;L—试样长度
图48-1 直条型试样

表48-2 直条型试样尺寸

单位:mm

试样铺层	L	B	h	D(加强片)
单向0°	250	12.5±0.1	1~3	50
其他	250	25±0.1	2~4	50

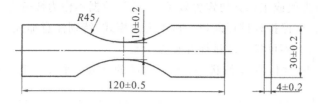

图 48-2　哑铃型试样

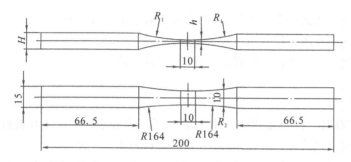

h—工作段厚度,一般为保留一个或两个完整铺层的厚度(1~2 mm);

H—层板厚度,一般为 $4h$ 或 $5h$;R_1—厚度面弧度半径,一般为 103 mm;

R_2—宽度面弧度半径,一般为 164 mm

图 48-3　四面加工型试样

4. 实验步骤

(1)对试样进行外观检查,有缺陷、不符合尺寸或制备要求的试样,应予作废。对试样进行编号,测量直条型试样工作段内任意三点的宽度和厚度,取算数平均值;对于哑铃型和四面加工型试样的宽度和厚度,测量最小截面部分 3 次取算数平均值。

(2)按实验要求选择波形和实验频率。实验波形一般为正弦波,实验频率推荐 1~25 Hz,若进行高频率实验,频率不大于 60 Hz。

(3)按实验目的确定应力比或应变比。应力比或应变比不宜小于 0.1。

(4)测定 S-N 曲线(ε-N 曲线)时,按实验目的,至少选取 4 个应力或应变水平。一般按疲劳实验的最大应力或应变表征水平。选取应力或应变水平的方案如下:第一个水平以 10^4 循环次数为目的;第二个水平以 10^5 循环次数为目的;第三个水平以 5×10^5 循环次数为目的;第四个水平以 1×10^6~2×10^6 循环次数为目的。

(5)通常从第一个水平开始疲劳实验,若循环次数与预期差异较大,则逐量升高或降低应力比或应变水平。玻璃纤维增强塑料推荐的疲劳水平为静态拉伸强度或静态拉伸失效应变的 75%,55%,40%,30%;碳纤维增强塑料推荐的疲劳水平为静态拉伸强度或静态拉伸失效应变的 80%,65%,55%,45%。若无特殊实验目的,各应力或应变水平应使用相同频率和应力比或应变比。

(6)夹持试样并使试样中心线与上、下夹头的对准中心线一致。若进行应变控制,安装应变仪或其他应变测量装置,并在无载荷时对应变清零。

(7)对试样加载直至试样失效或达到协定失效条件(如刚度下降 20%)。在实验过程中,检测试样表面温度,若试样温度变化超过 10℃,启动散热装置。若散热装置不能降低试样的温度,需重新选择试验频率。

注:若试样没有失效或未达到协定失效条件,此类数据不作为疲劳寿命。

(8)试样失效后,应保护好试样断口。检查失效模式,特别注意加强片边缘或夹持部位产生的破坏。去除所有不可接受的试样并补充实验。

(9)实验过程中随时检查设备状态,观察试样的变化,每水平至少记录一根试样的温度。

5. 注意事项

(1)夹持试样并使试样中心线与上、下夹头的对准中心线一致。

(2)实验过程中要注意控制温度。

(3)试样失效后需要保护好试样断口,检查失效模式。

6. 实验结果

(1)将测得的原材料长、宽、厚以及缺口深度等记录在表 48-3 中并进行数据处理。

(2)按照相应公式计算试样冲击韧性,并记录在表 48-3 中。

(3)比较不同复合材料抗冲击性能的差别,建立影响冲击性能各因素之间的关联性。

表 48-3 实验数据记录及计算表

设备名称、型号:_____ 生产厂家:_____

序号	试样材料	试样尺寸 (长×宽×厚)/mm	缺口深度/ mm	吸收功/ J	冲击韧度/ (kJ·m^{-2})
1					
2					
3					
4					
5					
平均值		—	—	—	

7. 实验结果分析与问题讨论

(1)夹持试样时为什么试样中心线要与上、下夹头的对准中心线一致?

(2)为什么在实验过程中需要检测试样表面温度并对温度进行调控?

(3)为什么需要记录试样的温度?

第9章 复合材料仿真实验

9.1 复合材料充模仿真

实验 49 充模模拟实验

1.实验目的和原理

1)目的

模拟树脂在充模过程中的流动状态,确定充模方案,优化工艺参数。

2)原理

复合材料液体成型技术是一种技术含量高的复合材料成型工艺,涉及工艺参数较多,如注射压力、模具温度、纤维预制件的渗透率、注入口和溢料口的位置等。这些工艺参数都会直接或间接影响制品的性能。通过大量反复实验来选定材料和确定工艺参数显然既费时又不经济,因此,建立复合材料液体成型工艺过程的数学模型,采用有限元仿真软件PAM-RTM对工艺进行数值仿真是实现低成本和优质复合材料构件的有效途径之一。

2.典型工艺实验对象数模结构分析

(1)整体结构:本实验工艺验证件由一个底板、两个工型筋条、三个 C 型筋条组成,具体结构图如图 49-1 所示。

(2)壁板:壁板为变厚度,尺寸如图 49-2 所示,其最大厚度为 4.968 mm,最小厚度为 2.4 mm,铺层由 A,B,C 三种不同轮廓组成,共 29 层,铺层信息见表49-1。

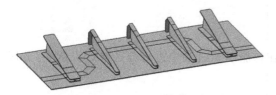

图 49-1 整体结构图

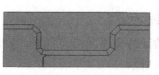

图 49-2 壁板结构信息

表 49 - 1　壁板铺层信息

层序	1	2	3	4	5	6	7	8	9	10	11	12	13	14	15
轮廓	A	A	A	B	B	B	A	B	A	A	C	A	B	B	A
铺层角度/(°)	0	45	90	−45	−45	0	45	45	0	−45	0	−45	90	45	0
层序	16	17	18	19	20	21	22	23	24	25	26	27	28	29	
轮廓	B	B	A	C	A	A	B	A	B	B	B	A	A	A	
铺层角度/(°)	45	90	−45	0	−45	0	45	45	0	−45	−45	90	45	0	

（3）C 型筋条：三个 C 型筋条完全相同，厚度均为 2.24 mm，结构形式如图49－3所示，共 14 层，铺层角度见表49－2。

表 49 - 2　C 型筋条铺层角度

层序	1	2	3	4	5	6	7	8	9	10	11	12	13	14
铺层角度/(°)	0	45	90	−45	−45	0	45	45	0	−45	−45	90	45	0

（4）工型筋条：最大高度为 93.9 mm，最大厚度为 4.48 mm，结构形式如图49－4所示，工型筋条铺层是由两个 14 层（其中 5,7,9,10,11 为加强层，铺层信息见表49－3）的 C 型预制体对称组合，再加上下 8 层（铺层信息见表49－4）的盖板组合而成。

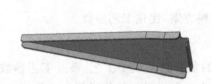

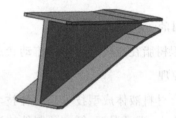

图 49-3　C 型筋条结构形式　　　　图 49-4　工型筋条结构形式

表 49 - 3　C 型预制体铺层信息

层序	1	2	3	4	5	6	7	8	9	10	11	12	13	14
铺层角度/(°)	0	45	0	−45	−45	0	45	0	45	90	−45	−45	90	45

表 49 - 4　上下盖板铺层信息

层序	1	2	3	4	5	6	7	8
铺层角度/(°)	0	45	0	−45	−45	0	45	0

3. 流动模拟实验步骤

1）分区渗透率的定义

根据工艺验证件变厚度结构特点，需要在树脂模拟过程中进行分区渗透力定义，分区情况如图49－5所示。

图 49-5　分区渗透率定义

由于底板为变厚度壁板,故按照不同铺层厚度将其划分为三块,分别为图 49-5 中 A,B 和 C 部分。两个工型筋条由于上、下盖板和中间腹板铺层数不同也将其划分为三块,三个 C 型筋条均为同厚度铺层,故不需要分区,只进行渗透率定义就可以。

2)网格划分

在工艺实验对象导入 PAM-RTM 之前,需要对数模在 Visual-Mesh 中进行网格划分,网格划分时要保证网格的连续性以及有效性,并对网格进行质量检查,同时要考虑分区渗透率定义,将其划分为不同的块,然后对每一块进行网格划分,网格划分结果如图 49-6 所示。

3)不同的注冒口设置方案流动模拟

根据 VARI 成型的工艺特点以及以往经验,初步确定三种模拟方案,分别为线注射-线冒口、线注射-点冒口、线注射-线冒口＋点冒口,模拟结果如下。

(1)线注射-线冒口。注冒口位置如图 49-7 所示,充模时间分布云图如图 49-8 所示,经分析流动模拟结果发现,工型筋条流动刚开始滞后于底板,导致工型筋条内部浸润不充分,容易产生内部贫胶缺陷,而且充模时间较长,故设置多级冒口作为优化方案,实现流动前沿控制,使流动前沿均一稳定向前推进。

图 49-6 网格划分结果   图 49-7 线冒口模拟方案注冒口位置

(2)线注射-点冒口。注冒口位置如图 49-9 所示,充模时间分布云图如图 49-10 所示,对比模拟结果发现,采用线注射-线冒口和线注射-点冒口的充模方案所得到的流动前沿基本一致,但是采取多级冒口的方式可以控制筋条流动前沿与壁板保持一致。实验发现,在实际充模过程中,无论采取线注射-线冒口的方式还是线注射-点冒口的方式,都不能使筋条完全浸润,故需进一步优化方案,经讨论分析,决定采用线注射-线冒口＋筋条点冒口的充模方式,注冒口位置如图 49-11 所示。

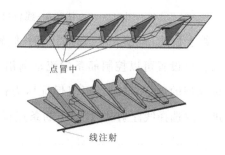

图 49-8 线冒口模拟方案充模时间分布云图   图 49-9 线注射 点冒口模拟方案注冒口位置

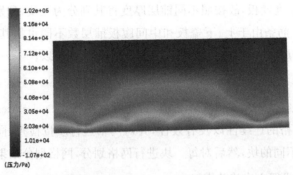

图 49-10　线注射-点冒口模拟方案充模时间分布云图

(3)线注射-线冒口＋点冒口。根据模拟结果流动前沿推进并结合实验验证发现,采取线注射-线冒口＋筋条点冒口的充模方式较为合理,通过控制筋条位置冒口(注冒口位置见图 49-11)的开关,控制筋条位置的流动前沿,可以使底板与筋条的流动前沿一致(见图49-12),从而实现整体结构的完全浸润。

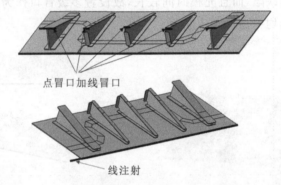

点冒口加线冒口

线注射

图 49-11　线注射-线冒口＋点冒口模拟方案注冒口位置

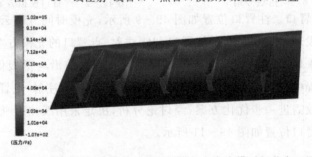

图 49-12　线注射-线冒口＋点冒口模拟方案充模时间分布云图

综上所述,充模方案选择线注射-线冒口＋筋条点冒口的方式较为合理,一方面,筋条上的冒口设置可以控制筋条的流动前沿与底板保持一致;另一方面,线冒口布置可以保证壁板成型的质量,同时还可以保证压力梯度分布的均匀性,使整体结构流动前沿均匀稳定推进。故选择线注射-线冒口＋筋条点冒口的充模方案。

9.2 复合材料固化仿真

实验 50 固化过程中温度场和树脂固化行为模拟实验

1. 实验目的和原理

1）目的

复合材料树脂固化的条件是温度,复合材料内部的温度达到树脂的固化温度时,树脂就会发生固化反应,树脂固化反应的程度用固化度来表示。本实验的目的主要是模拟在外部热源加热的情况下复合材料内部的温度场和固化度场分布。

2）原理

复合材料零件的固化一般是在热压罐、热压机或者烘箱里面进行的。给定外部热源之后,复合材料会从外部向内部传热,与模具接触的复合材料部分通过热传导的方式传热,与空气接触的复合材料部分通过热对流的方式传热。复合材料的传热能力以热导率表征,纤维增强树脂基复合材料是各向异性复合材料,不同的方向热导率不同,对于单向铺层的复合材料,每一层可认为是横观各向同性材料,垂直于复合材料纤维轴向的平面为同性面,该平面上各方向热导率相同。树脂固化反应会放热,复合材料内部的温度场是外部传热和内部放热的叠加。当内部温度达到复合材料的固化温度时,复合材料固化,复合材料内部的固化度场与温度场的分布密切相关。

2. 典型工艺实验对象数模结构分析

典型零件示意图如图 50-1 所示,模拟实验采用的是[0°/90°]铺层的单向纤维非对称铺层平板件,0°方向为图中 X 轴的方向,90°方向为图中 Y 轴的方向,Z 轴为厚度方向,平板的尺寸为 200 mm×75 mm×2.5 mm。平板件下表面与模具接触进行热传导传热,其余表面与空气接触进行热对流传热。

3. 有限元模拟实验步骤

1）模型的建立

创建尺寸为 200 mm×75 mm×2.5 mm 的三维实体模型,如图 50-2 所示,将模型沿厚度方向分割为上、下两部分,下面为 0°单向铺层,上面为 90°单向铺层,每个单向铺层厚度为 1.25 mm,然后创建一个直角坐标系作为材料坐标系的参考,参考坐标系的 X 轴方向为铺层的 0°方向。

图 50-1 分析零件示意图

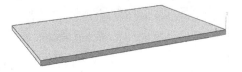

图 50-2 平板件三维实体模型

2)材料属性的创建

进行一个传热有限元分析,必需的三个材料参数是密度、比热容和热导率,对于树脂基复合材料,树脂在固化过程中会放热,还需要选择"Heat Generation"选项,"Heat Generation"选项对应子程序 HETVAL,将树脂固化反应放热方程写入子程序 HETVAL,由于固化度作为历史状态变量出现在子程序中,所以,还需要添加"Depvar"选项,如图 50-3 所示。

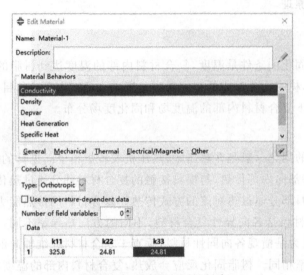

图 50-3 复合材料属性创建

由于复合材料是各向异性的材料,沿不同的材料坐标系,材料属性是不一样的,所以,给模型赋予材料属性之后,还需要指定模型的材料坐标,如图 50-4 所示。

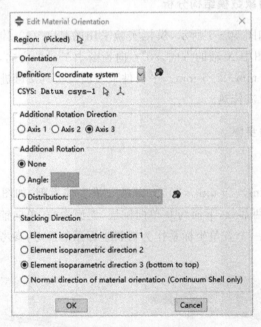

图 50-4 材料坐标系的创建

3)分析步的建立

传热模拟的分析步类型选择"Heat transfer",时间周期为复合材料的固化时间,然后设置初始增量步、最大增量步、最小增量步等参数,分析步创建完成,如图 50-5 所示。

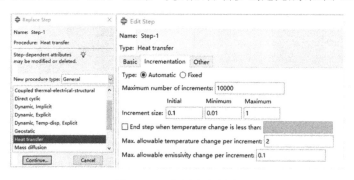

图 50-5　分析步的创建

4)边界条件的施加

在本次模拟仿真实验中添加的边界条件为平板零件与外界的传热方式,与空气接触的复合材料通过热对流的方式从外界获得热量,在"Interaction"模块里面创建"Surface film condition"相互作用,选择与空气接触的上表面和侧表面添加边界条件(见图 50-6),在"Edit Interaction"页面里面选择子程序"FILM",将固化温度曲线写入"FILM"子程序中即可运行子程序。

复合材料与模具接触的表面采用热传导的方式传热,在"Load"模块下创建温度边界条件,选择模型的下表面为热传导表面,然后选择子程序"DISP"作为外部热源,将固化温度曲线写入子程序"DISP",如图 50-7 所示。

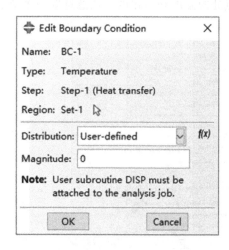

图 50-6　热对流边界条件的施加　　　　　图 50-7　热传导边界条件的施加

在不明确定义的情况下,ABAQUS 默认初始温度为零,实际复合材料在固化之前,初始温度为室温,所以要定义模型的初始温度。在预定义场中,选择整个模型,定义初始温度为室温 25℃,如图 50-8 所示。

5) 网格划分

考虑计算精度和时间的要求,厚度方向划分四个单元,其他方向单元长度选择 2.5 mm,单元类型选择 DC3D8,划分网格结果如图 50 - 9 所示。

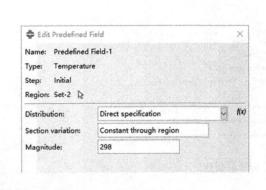

图 50 - 8 模型初始温度的定义   图 50 - 9 单元类型选择

6) 提交计算

网格划分完毕,有限元分析前处理工作基本完成,可以进行提交计算。创建计算任务,选择子程序,最后提交计算,提交过程如图 50 - 10 所示。

7) 后处理

计算完成之后,就可以查看计算结果了,本次计算主要得到的结果是复合材料零件内部的温度场和固化度场的分布情况,选取复合材料内部的每一个节点,都能够得到所在节点处的温度和固化度。任意选取一个节点,温度和固化度如图 50 - 11 所示。

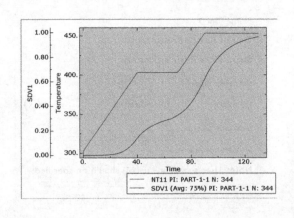

图 50 - 10 子程序文件的选取   图 50 - 11 节点处的温度(梯形线)和固化度(曲线)

实验 51　固化过程残余应力分布与固化变形预测模拟实验

1. 实验目的和原理

1）目的

为了保证复合材料在固化过程中零件的孔隙率和纤维体积分数,在固化成型的过程中会有外部压力作用在复合材料零件上,复合材料的固化是在热力耦合的状态下进行的,"热"指实验 50 中模拟得到的温度场,"力"指保证零件成型质量施加的外部压力,本实验的目的主要模拟在热力耦合状态下残余应力的分布以及残余应力引起的固化变形。

2）原理

复合材料在固化过程中,随着固化度的不断增加,树脂的模量也在不断增加,在这个过程中,树脂又会发生应力松弛现象,所以在整个固化过程中,复合材料的模量随着温度和时间的变化是不断变化的。纤维增强树脂基复合材料是各向异性材料,纤维是弹性材料,树脂属于黏弹性材料,复合材料在固化过程中应力和应变的关系比较复杂,常用的本构模型有 CHILE 模型、Path - dependent 模型和黏弹性模型,由于 CHILE 模型和 Path - dependent 模型在计算的过程中没有考虑应力松弛现象,过高地计算了残余应力,所以,在本模拟实验中选择黏弹性模型作为复合材料的本构模型。复合材料在固化过程中会发生固化收缩应变和热膨胀应变,在复合材料的本构模型中计算有效应变时要减去这两种应变。

2. 典型工艺实验对象数模结构分析

本模拟实验对象如图 51 - 1 所示,实验目的主要是热力耦合状态下复合材料固化残余应力和变形的仿真。在固化过程中,由于复合材料的内部因素,在热、力的作用下,会积累残余内应力,固化结束后,热和力的作用撤除,复合材料在残余内应力的作用下发生变形,脱模之后,为了防止模型发生刚体运动,还要对模型的自由度进行约束。

图 51 - 1　分析零件示意图

3. 有限元模拟实验步骤

1）材料属性的创建

将实验 50 中所创建的有限元分析模型复制,在材料属性中选择"Users Material"和"Expansion",在"Users Material"中输入需要的工程弹性常数,输入的工程弹性常数将作为子程序"UMAT"中的一部分输入,在子程序"UMAT"中输入材料的黏弹性本构模型,"Expansion"主要添加子程序"UEXPAN",子程序"UEXPAN"计算材料的有效应变,在子程序中,用总的应变减去热膨胀和固化收缩产生的应变即为有效应变。属性编辑如图51-2所示。

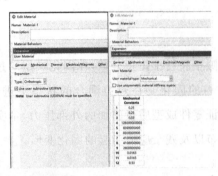
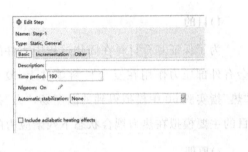

图51-2　材料属性的编辑　　　　　　图51-3　分析步类型的替换

2)分析步的编辑

将实验50中创建的分析步类型替换为"Static,General",然后打开非线性分析按钮,分析步步长为复合材料的整个固化周期,然后设置初始增量步、最小增量步、最大增量步即可完成分析步的编辑。然后再创建一个"Static,General"类型的分析步,模拟实际过程中的复合材料脱模阶段,分析步步长为10,设置初始增量步、最小增量步、最大增量步,完成分析步的创建,如图51-3所示。

3)载荷的施加

复合材料在固化过程中受到外界均布压力,本模拟实验模拟在烘箱中的加热方式,复合材料受到的均布载荷为一个大气压的真空压力,复合材料与空气接触的表面受到$1×10^5$ Pa的均布压力,加载方式如图51-4所示。复合材料在真空袋中固化时受到压力,脱模之后不受压力,所以创建的压力只存在于第一个分析步,第二个分析步不需要外部压力。

力载荷施加完成之后,还要施加温度载荷,将实验55中模拟计算得到温度场导入到本次模拟的模型中,创建预定义场,选择实验50计算得到的.odb文件,再选择需要的分析步增量步,就可将整个固化过程中的温度场导入,如图51-5所示。

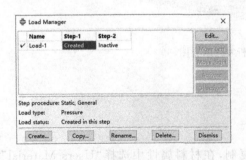

图51-4　外部压力的施加　　　　　　图51-5　温度场的导入

4)边界条件的施加

复合材料在固化过程中,由于真空袋的限制,沿三个坐标轴的位移都为零,添加边界条件,选择整个模型,勾选 U1=0,U2=0,U3=0,边界条件施加过程如图 51-6 所示。

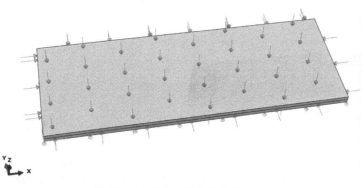

图 51-6 固化阶段边界条件施加

复合材料脱模后,为了防止发生刚体位移,需要限制物体的自由度,模型自由度约束的方法如图 51-7 和图 51-8 所示。

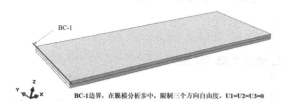

BC-1边界,在脱模分析步中,限制三个方向自由度,U1=U2=U3=0

图 51-7 模型刚体位移约束(一)

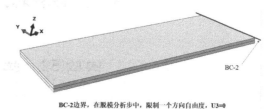

BC-2边界,在脱模分析步中,限制一个方向自由度,U3=0

图 51-8 模型刚体位移约束(二)

5)网格划分

选择单元类型,在窗口里面修改单元类型为 C3D8,网格划分结果如图 51-9 所示。

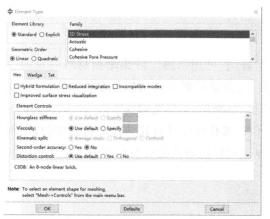

图 51-9 网格划分结果

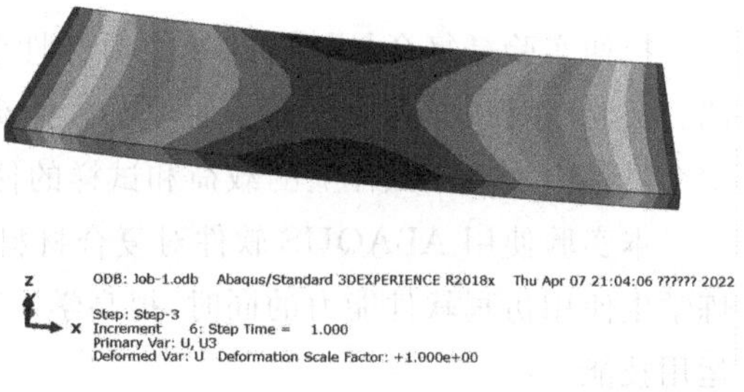

图 51-10 模型变形后的云图

6)后处理

模型计算完成之后,就可以得到复合材料固化后的残余应力和固化变形,平板零件变形之后的云图如图 51-10 所示,最大变形尺寸达到了 6.725 mm。变形后内部的残余应力云图如图 51-11 所示。选取残余应力云图中的任一点,就可以查看对应节点处的残余应力在整个固化过程中的演变规律(见图 51 - 12)。

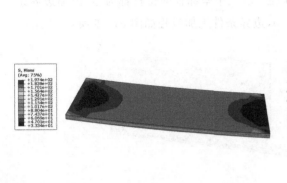

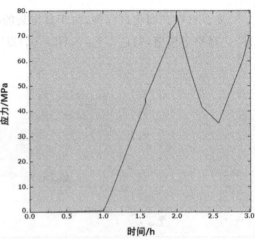

图 51 - 11　模型固化后内部的残余应力云图　　　　图 51 - 12　模型中一点的应力演变规律

9.3　复合材料力学性能有限元仿真

实验 52　拉伸性能仿真实验

1. 实验目的和原理

1)目的

(1)了解有限元的基本原理和有限元软件的使用方法。

(2)掌握复合材料的拉伸仿真实验方法。

2)原理

拉伸实验是复合材料最基本的力学性能实验,它可用来测定纤维增强材料的拉伸性能。实验时对试样轴向匀速施加静态拉伸载荷,直到试样断裂或达到预定的伸长,测量在整个过程中施加在试样上的载荷和试样的伸长量,绘制应力-应变曲线等。

本实验使用 ABAQUS 软件对复合材料层合板带孔样件进行拉伸性能仿真实验,在锻炼学生使用仿真软件能力的同时,提高学生对复合材料拉伸性能实验的认识和仿真实验的运用技能。

2. 典型工艺实验对象数模结构分析

本实验采用对称带孔平板拉伸模型,简化后的模型如图 52 - 1 所示。

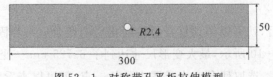

图 52 - 1　对称带孔平板拉伸模型

3. 有限元模拟实验步骤

1) 建模过程

(1) 建立几何模型:将模型重命名为 Sample1,新建 part-1,如图 52-2 所示设置,点击 continue。

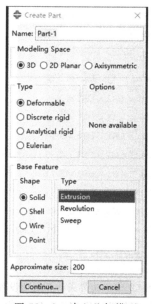

图 52-2 建立几何模型

进入草图后,创建拉伸模型,尺寸如图 52-1 所示。完成草图之后连续点击两次中键,在弹出的对话框里面输入拉伸厚度 1 mm,创建完 part-1。

(2) 材料属性创建和赋予:复合材料铺层给出了两种属性,分别是直纹布和斜纹布。两种材料的属性见表 52-1(部分)。

表 52-1 复合材料铺层材料属性

材料	密度	E1	E2	Nu12	G12	G13	G23
直纹布	1.638×10^{-9} t/mm³	126 GPa	8.4 GPa	0.3	4.1 GPa	4.1 GPa	1.2 GPa
斜纹布	1.533×10^{-9} t/mm³	53 GPa	53.1 GPa	0.28	4.27 GPa	4.27 GPa	20.742 GPa

(3) 模型装配:几何模型已经装配好,不需要再移动,如图 52-3 所示。

(4) 载荷步建立:建立静态分析步,时长设为 1 s,打开大变形开关。同时为保证分析精度足够,分析步的初始步长设为 0.05 s,最小步长设为 1×10^{-8} s,最大步长设为 1 s,如图 52-4 所示。

图 52-3 模型装配

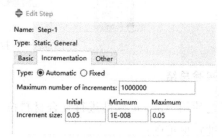

图 52-4 建立载荷步

（5）接触设置：本仿真无接触设置，故可跳过此步骤。

（6）边界条件和载荷设置：根据分析条件要求，左侧位移固定，右侧沿 X 轴位移 5 mm，如图 52-5 所示。

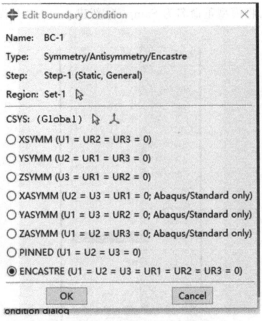

图 52-5　边界条件和载荷设置

（7）网格划分：考虑计算时间和计算精度，网格尺寸取为 2 mm，其余采用默认值，网格划分结果如图 52-6 所示。

图 52-6　网格划分结果

（8）工作建立及分析：建立分析工作，提交分析，等待分析结束。

（9）后处理：对分析的结构进行应力显示，得出应变云图和位移曲线。

4.铺层方式及实验结果

按照（0°，45°，0°，45°）的铺层方式，共铺设 4 层。应力云图如图 52-7 所示。

图 52-7　拉伸件应力云图

5.实验总结

通过使用 Abaqus 软件进行复合材料拉伸性能的仿真，可以让同学们熟悉软件的操作以及拉伸性能情况。

实验 53　压缩性能仿真实验

1. 实验目的和原理

1）目的

（1）了解有限元的基本原理和有限元软件的使用方法。

（2）掌握复合材料的压缩性能仿真实验方法。

2）原理

压缩实验是复合材料最基本的力学性能实验，它可用来测定纤维增强材料的压缩性能。实验时通过能避免试样失稳、防止试样偏心和端部挤压破坏的压缩夹具对试样施加轴向载荷，使试样在工作段内压缩破坏，记录试验区的载荷和应变（或变形），求出需要的压缩性能。

本实验通过给定的矩形板状复合材料模型，基于 ABAQUS 软件的有限元分析模块，对复合材料材料受到外力压缩时的情况进行仿真模拟，研究复合材料的弹性模量以及抗压性能。在锻炼学生仿真软件使用能力的同时，提高学生对复合材料的认识水平和对复合材料知识的掌握与运用水平。

2. 典型工艺实验对象数模结构分析

简化后的矩形板状复合材料模型如图 53-1 所示。

加载工况：下面的支撑固定不动，上面压头下压 1 mm，分析时采用静态分析步即可。

3. 有限元模拟实验步骤

1）建模过程

（1）建立几何模型：简化后的几何模型如图 53-1 所示。

（2）材料属性创建和赋予：给出了两种材料的属性，分别是直纹布和斜纹布，具体见表 53-1（部分）。

表 53-1　复合材料铺层材料属性

材料	密度	E1	E2	Nu12	G12	G13	G23
直纹布	1.638×10^{-9} t/mm³	126 GPa	8.4 GPa	0.3	4.1 GPa	4.1 GPa	1.2 GPa
斜纹布	1.533×10^{-9} t/mm³	53 GPa	53.1 GPa	0.28	4.27 GPa	4.27 GPa	20.742 GPa

（3）模型装配：几何模型已经装配好，不需要再移动。其中，下方为矩形支撑，上方是圆柱体压头，如图 53-2 所示

图 53-1　矩形板状复合材料模型

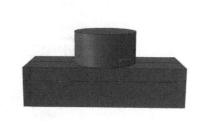

图 53-2　模型装配

（4）载荷步建立：建立静态分析步，时长设为 1 s，打开大变形开关。同时为保证分析精度足够，分析步的初始步长设为 0.05 s，最小步长设为 1×10^{-8} s，最大步长设为 1 s，如图 53-3 所示。

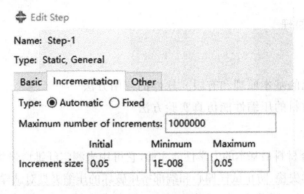

图 53-3　建立载荷步

（5）接触设置：在本次分析的模型中，共有两个地方的接触需要设置，分别是半圆柱体压块与矩形支撑的接触圆柱体压头的接触。首先设置接触属性，设置为最常见的罚函数接触，惩罚值为 0.1，如图 53-4 所示。

图 53-4　接触设置

（6）边界条件和载荷设置：根据分析条件要求，设置支撑固定，压块下压 1 mm，如图 53-5所示。

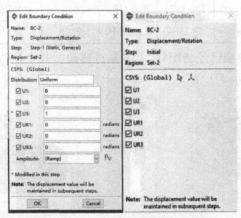

图 53-5　边界条件和载荷设置

（7）网格划分：考虑计算时间和计算精度，网格尺寸取为 2 mm，其余采用默认值，网格划分结果如图 53-6 所示。

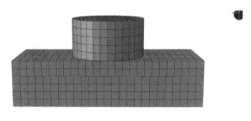

图 53-6　网格划分结果

（8）工作建立及分析：建立分析工作，提交分析，等待分析结束。

（9）后处理：对分析的结构进行应力显示，得出应变云图和位移曲线，同时输出压头反力作为的承载极限。

4.铺层方式及其实验结果

按照（0°，45°，0°，45°）的铺层方式，共铺设 4 层。应力云图如图 53-7 所示。

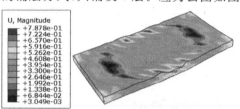

图 53-7　压缩件应力云图

实验 54　弯曲性能仿真实验

1.实验目的

对给定的复合材料试样，基于 ABAQUS 软件的有限元分析模块，进行三点弯曲仿真，在固定载荷下，模拟出复合材料试样的最大应力，作为后续复合材料厚度的设计参考。在锻炼学生仿真软件使用能力的同时，提高学生对复合材料的认识水平和对复合材料知识的掌握与运用水平。

2.典型工艺实验对象数模结构分析

三点弯曲试样长、宽、高分别为 70 mm，10 mm，2.5 mm，其模型如图 54-1 所示。

图 54-1　三点弯曲试样模型

加载工况：两边的支撑固定不动，冲头下压 50 mm，分析时采用静态分析步即可。

3.有限元模拟实验步骤

1）建模过程

（1）建立复合材料试样几何模型，如图 54-1 所示。

（2）材料属性创建和赋予：复合材料为横观各向同性材料，材料属性使用工程常数输入，具体数值如图 54-2 所示。

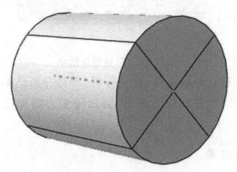

Data									
	E1	E2	E3	Nu12	Nu13	Nu23	G12	G13	G23
1	150000	4000	4000	0.34	0.34	0.4	5000	5000	5000

图 54-2　复合材料工程常数

（3）建立圆柱体几何模型：实体模型，半径 4 mm，长度 10 mm，如图 54-3 所示。

图 54-3　压头几何模型

（4）圆柱体在模拟过程中不发生变形，将其设置为刚体，如图 54-4 所示。

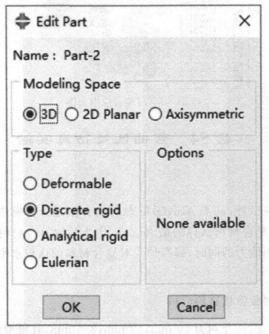

图 54-4　圆柱体刚体属性设置

（5）将圆柱体和复合材料试样组合成图 54-5 所示装配体，上圆柱体装配在试样上表面正中间，底下两支撑圆柱装配在试样两侧对称十六等分点处。

图 54-5　装配示意图

（6）接触设置：在本次分析的模型中，共有两个地方的接触需要设置，分别是上圆柱体压块与试样上表面的接触。对下侧支撑圆柱与试样下表面的接触，首先设置接触属性为最常见的罚函数接触，惩罚值为 0.4，如图 54-6 所示。圆柱体表面均设置为主面，试样表面均设置成从面。

（7）边界条件和载荷设置：根据分析条件要求，设置支撑固定，压块下压 5 mm，如图 54-7 所示。

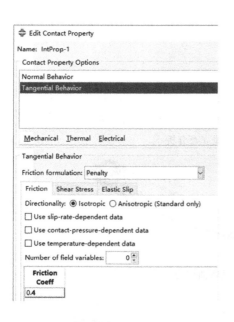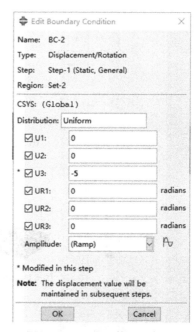

图 54-6　接触属性设置　　　　　　图 54-7　上圆柱体边界条件设置

（8）网格划分：对复合材料试验件和圆柱体进行网格划分，复合材料试样网格属性设置如图 54-8 所示。

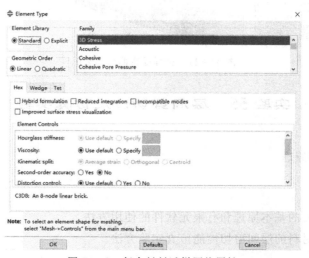

图 54-8　复合材料试样网格属性

（9）工作建立及分析：建立分析工作，提交分析，等待分析结束，如图 54-9 所示。

2）结果

图 54-10 为实验弯曲模拟的应力云图，图 54-11 为实验弯曲模拟的位移云图

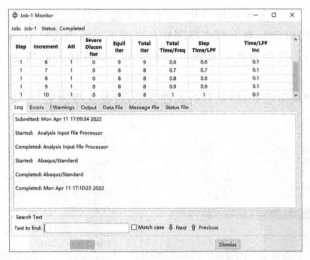

图 54 - 9　工作建立及分析

图 54 - 10　试样受弯曲应力云图

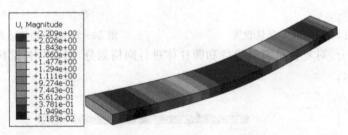

图 54 - 11　试样受弯曲位移云图

实验 55　层间剪切性能仿真实验

1. 实验目的和原理

1) 目的

(1) 了解有限元的基本原理和有限元软件的使用方法。

(2) 掌握复合材料的层间剪切性能仿真实验方法。

2) 原理

复合材料的层间剪切性能一般是通过短梁实验量化的,其采用小跨厚比三点弯曲法获得试样的短梁剪切强度。本实验基于 ABAQUS 软件的有限元分析模块,对聚合物基复合材料的剪切性能进行仿真,模型与拉伸仿真实验相同,对带孔平板进行层间剪切性能仿真。

2.典型工艺实验对象数模结构分析

本实验采用带孔平板层间剪切模型,简化后的模型如图 55-1 所示。

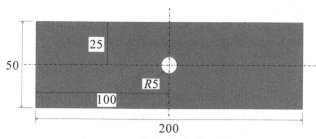

图 55-1　孔平板层间剪切模型

3.有限元模拟实验步骤

1)建模过程

(1)建立几何模型:简化后的几何模型及尺寸如图 55-1 所示。

(2)材料属性创建和赋予:创建材料并使用 composite layup 的方式赋予属性,创建过程如图 55-2 所示。

图 55-2　材料属性创建和赋予

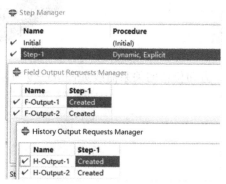

图 55-3　创建载荷步

(3)载荷步建立:建立 Dynamic Explicit 分析步,时长设为 0.001 s,关闭大变形开关,如图 55-3 所示。

(4)边界条件和载荷设置:对层合板施加固定位移载荷,如图 55-4 所示。

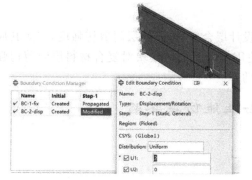

图 55-4　边界条件和载荷设置

图 55-5　网格划分结果

（5）网格划分：考虑计算时间和计算精度，网格尺寸取为 5 mm，其余采用默认值，网格划分结果如图 55-5 所示。

（6）工作建立及分析：建立分析工作，提交分析，等待分析结束，如图 55-6 所示。

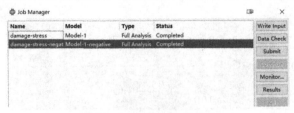

图 55-6　工作建立及分析

2）实验结果

Mises 应力云图如图 55-7 所示。

剪切损伤应力云图如图 55-8 所示。

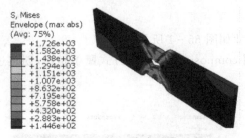

图 55-7　Mises 应力云图

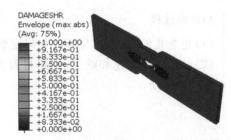

图 55-8　剪切损伤应力云图

力和位移的关系曲线如图 55-9 所示。

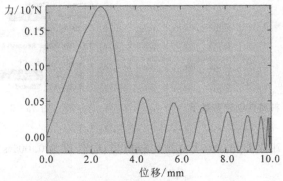

图 55-9　剪切损伤力和位移的关系曲线

3）结论

层间剪切强度的测试与评价，对于合理设计层合板，提高其层间剪切强度，扩大其应用范围和确保其使用安全性是非常重要的。使用有限元分析模块对复合材料层间剪切强度进行仿真，对于合理设计层合板有极大的帮助。

实验 56　冲击性能仿真实验

1. 实验目的和原理

1）目的

（1）了解有限元的基本原理和有限元软件的使用方法。

（2）掌握复合材料的冲击性能仿真实验方法。

2）原理

冲击强度是评价材料抵抗冲击破坏能力的指标，表征材料韧性大小，因此冲击强度也常被称为冲击韧性。将开有 V 型缺口的试样两端水平放置在支撑物上，缺口背向冲击摆锤，摆锤向试样中间撞击一次，使试样受冲击时产生应力集中而迅速破坏，测定试样的吸收能量。冲击实验的应用主要有：作为韧性指标，为选材和研制新的复合材料提供依据；检查和控制复合材料产品质量；评定材料在不同温度下的脆性转化趋势；确定应变失效敏感性。

本实验基于 ABAQUS 软件的有限元分析模块，对复合材料的铺层方向、铺层厚度等进行手动调试的优化设计，使学生学习和掌握 ABAQUS 有限元冲击仿真实验的步骤和方法，学习基于 ABAQUS 的复合材料建模技术。

2. 典型工艺实验对象数模结构分析

简化后的冲击模型如图 56-1 所示。

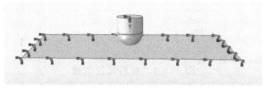

图 56-1　简化后的冲击模型

落锤冲击试验按照《扁平硬质塑料试样耐冲击性能的标准试验方法》（ASTM D5420）标准执行，加载工况如下：板件四周支撑固定不动，冲头以 4.27 m/s 的速度冲击板件中央。分析时采用动态显式分析步。

3. 有限元模拟实验步骤

1）建模过程

（1）建立几何模型：新建部件，类型为可变形，特征为壳，绘制复材板件草图，如图 56-2 所示。

新建部件 2，类型为离散刚性，特征为实体，绘制冲头草图，旋转后获得冲头，如图 56-3 所示。

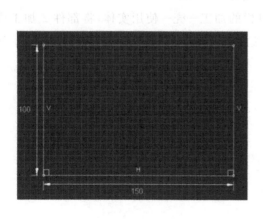

图 56-2　平板件草图绘制　　　　图 56-3　冲头草图绘制

（2）材料属性创建和赋予：采用 T300/M18 型号复合材料，材料的属性如图 56 - 4
所示。

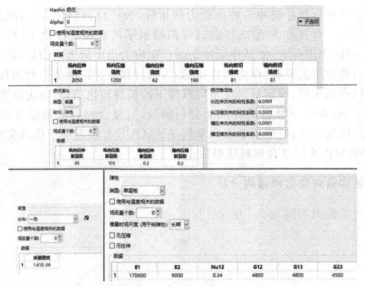

图 56 - 4　材料属性创建

初始分析时，板材铺敷 10 层直纹布，铺设方向如图 56 - 5 所示。

材料	厚度	方向角	积分点	层名
T300/M18	0.25	0	3	layer1
T300/M18	0.25	90	3	layer2
T300/M18	0.25	0	3	layer3
T300/M18	0.25	90	3	layer4
T300/M18	0.25	0	3	layer5
T300/M18	0.25	0	3	layer6
T300/M18	0.25	90	3	layer7
T300/M18	0.25	0	3	layer8
T300/M18	0.25	90	3	layer9
T300/M18	0.25	0	3	layer10

图 56 - 5　复合材料铺层定义

对于部件 2，点击菜单栏的工具—参考点，在轴线上创建一参考点。点击特殊设置—
惯性—创建，选中参考点，设置部件 2 的质量为 3.73 kg。

（3）模型装配：在部件模块，点击菜单栏的加工—壳—使用实体，将部件 2 加工成壳。
选择装配模块，装配两个部件，将冲头调整到板件中心的位置并保证不干涉，如图 56 - 6
所示。

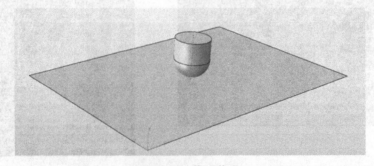

图 56 - 6　模型装配

（4）载荷步建立：建立动态显式分析步，时长设为 0.05 s，点击质量缩放选项卡，设置缩放系数为 10 000，如图 56 - 7 所示。

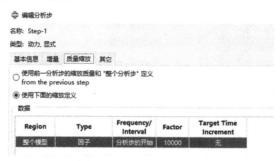

图 56 - 7　载荷步建立

（5）接触设置：在本次分析的模型中，只需要设置冲头与板材的接触。首先设置接触属性为最常见的罚函数接触，惩罚值为 0.3。然后创建相互作用，选择面与面接触，分别选择冲头和板材将要接触的表面，点击确定。结果如图 56 - 8 所示。

图 56 - 8　接触设置

（6）边界条件和载荷设置。根据实验标准要求，经简化后设定如下边界和载荷条件：板材四周完全固定，冲头对其参考点设定 4.27 m/s 的初速度。以上设置均针对初始分析步设定，分别如图 56 - 9、图 56 - 10 所示.。

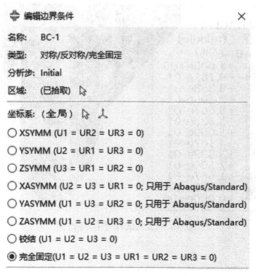

图 56 - 9　边界条件设置

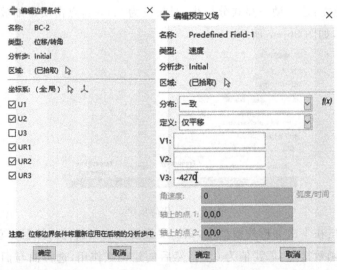

图 56-10 载荷设置

（7）网格划分：考虑计算时间和计算精度，板材单元类型选为 S4R，网格尺寸选为 2；冲头网格尺寸设为 2.5，其余默认。网格划分结果如图 56-11 所示。

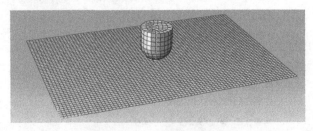

图 56-11 网格划分结果

（8）工作建立及分析：建立分析工作，提交分析，等待分析结束。

（9）后处理：对分析的结构进行应力显示，如图 56-12 所示，得出复合材料板件的损伤结果，修改板件材料或者改变冲头冲击位置，研究不同条件对冲击效果的影响。

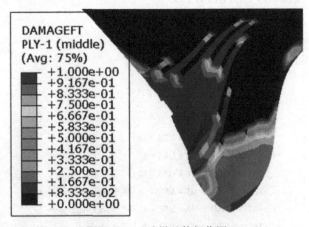

图 56-12 试样整体损伤图

第10章 先进复合材料设计、制造与回收综合实验

实验 57 复合材料平板件真空辅助成型实验

1.实验目的和原理

1)目的

(1)掌握真空辅助成型的工艺操作方法。

(2)掌握真空辅助工艺成型特点。

2)原理

RTM 成型装置制备复合材料层合板,实验装置如图 57-1 所示。该装置系统主要包括三个部分,即树脂注塑系统、模具、真空辅助系统。树脂注塑系统的主要功能是将脱泡处理后的树脂通过注胶管注入模具中,实验中将活塞泵与压力机相连,储料罐上端盖与真空泵相连,利用真空负压使树脂均匀地注入模具之中。

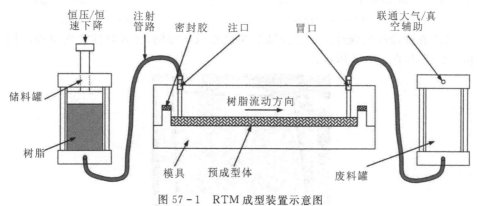

图 57-1 RTM 成型装置示意图

2.实验条件

复合材料平板件真空辅助成型实验开始前需如实填写实验记录,主要将实验时间、实验操作人员及实验条件填写在表 57-1 中。

表 57-1　复合材料平板件真空辅助成型实验记录表

实验时间	
实验内容	复合材料平板件真空辅助成型实验
实验环境	温度：　　℃；湿度：　　%
实验仪器及设备	真空泵、模具、树脂收集器（带压力表）、剪刀、止流钳、铲子等工具
实验所需材料	纤维布、脱模剂、脱模布、导流网、丙酮、环氧树脂、真空袋、导管、密封胶条、纸胶带、定位喷胶、注胶座、透气毡等
实验操作人	

3. 实验步骤

（1）本次实验所需制备的试样是碳纤维增强树脂基复合材料层合板，故选用的是刚性平板模具。先用丙酮擦洗整个模具表面，再用脱模剂擦拭碳纤维铺设区域 3～5 次（注意不要擦拭后期密封胶粘贴的位置，否则影响整个装置的密封性），每次间隔时间至少 15 min，如图 57-2 所示。

（2）将裁剪好的 T700 斜纹纤维布以纵横交错的方向一共铺贴 9 层，每铺设一层后需要用电熨斗压实，防止出现纤维束滑移或褶皱的情况，如图 57-3 所示。

图 57-2　用丙酮清理模具

图 57-3　碳纤维布的铺设

（3）依次在铺设好的碳纤维布表面铺放脱模布和导流网，在预制体表面及周围铺设真空袋和密封胶，如图 57-4 所示。

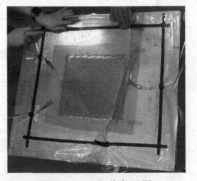
图 57-4　流道布置图

（4）使用真空泵对密封的真空袋和注口管口进行检漏，若检漏结果良好，即可准备后续注胶，反之，则需要检查漏气处，重新填补密封胶或重新制袋，直至检漏成功，如图 57-5 所示。

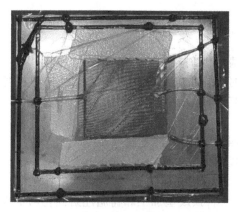

图 57 - 5　密封性检查

(5)将环氧 A 型环氧树脂、酸酐固化剂以及咪唑促进剂以 100∶75∶0.5 的比例导入玻璃烧杯中并均匀混合,再放入连接有真空泵的密封玻璃罐中,对其进行真空脱泡,如图 57 - 6 所示。用图 57 - 6 的真空脱泡装置,脱泡至玻璃烧杯内混合的树脂基体表面不存在明显气泡即可,这个过程大致需要 40 min。

图 57 - 6　真空脱泡装置

(6)打开真空泵使树脂通过胶管注塑到模具中,注塑过程中树脂基体以水平直线有序地流动;等到冒口处充分溢胶 5 min 后,用夹具紧紧夹住注口处的胶管,继续对其充模 15 min,之后用夹具夹住冒口处的胶管,关闭真空泵,注塑结束。

(7)最后将注塑好的模具置于烘箱中先 100℃固化 2 h,后调节温度至 150℃固化 5 h。固化过程结束后,待模具和制件冷却至室温,将碳纤维复合材料层合板试件脱模,修整边缘。最终制备的复合材料层合板如图 57 - 7 所示。

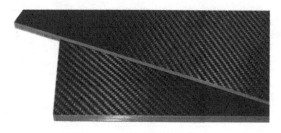

图 57 - 7　复合材料层合板

3.注意事项

(1)实验前确保台面清理干净。

(2)在铺各种布和膜时都应该确保平整,以使最后出来的材料平整。

(3)导管(抽气导管和引树脂导管)要加固好,两个导管左右分开,引树脂的导管放在导流网上。

(4)确保整个密封膜四周密封良好,不漏气。

(5)抽气时确保真空袋内无空气残余。

(6)启封时要慢,一层一层地揭开,不能太快,防止破坏材料。

(7)RTM工艺分增强材料预成型加工和树脂注射固化两个步骤,这两个步骤可分开进行,具有高度的灵活性和组合性,能实现材料设计。其固化工艺比较简单,模具可选用各种材料,制造成型的过程需在密闭的条件下进行,这样可以减少有害成分对人体和环境的伤害和污染。

实验 58 超轻复合材料机翼模型的设计与制作

1.实验目的

(1)掌握根据性能要求设计模型的方法。

(2)熟悉原材料的切割与剪裁。

(3)学会根据需要选择合适的成型方法。

(4)熟悉模型的制作方法和工艺。

2.超轻复合材料机翼模型结构分析

机翼由具有锥形截面的左右两部分及翼梢小翼组成,尺寸约为 4 in×36 in(1 in=25.4 mm),具体如图 58-1、图 58-2 所示。图中给出了机翼截面形状的最大情况。机翼的左、右两部分完全一样,翼梢小翼在两端对称分布。机翼的上、下表面均为平面,组合后下表面为平面,上表面则不必为平面。不允许有超出最大机翼剖面的结构存在。

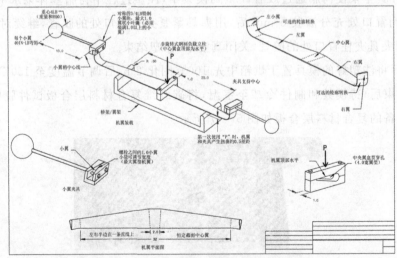

图 58-1 机翼测试加载示意图(单位:in)

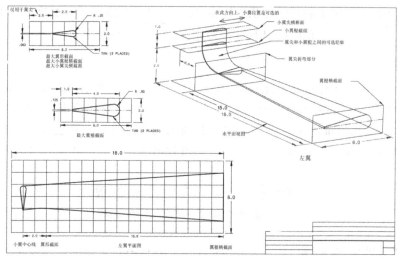

图 58 - 2　机翼剖面图(单位:in)

3. 超轻复合材料机翼制备过程

机翼模型制作选择的工艺是数字化传递模塑成型(RTM)技术,这是一种典型的液体成型技术。RTM 是将碳纤维增强材料铺放到闭模的模腔中,用压力将树脂注入到模腔中进行加热固化、脱模的工艺过程。制备的过程可以分为以下几个阶段。

1)准备阶段

在准备阶段中,主要工作是准备原材料、工具、模具等。

(1)碳纤维增强体:碳纤维应具有重量轻、抗拉性能好、抗疲劳性能好、韧度高、便于裁剪等优点。

(2)基体材料:基体材料是作为复合材料基体黏结的聚合物,一般是树脂,其作用是将纤维定位、定向黏结在一起,并起到一定的传递拉力作用。通常使用的树脂为环氧树脂,其具有良好的浸润性能,易于固化,无毒或低毒,能满足制品需求。

(3)固化剂是与树脂配合使用的,能够在一定温度下促进树脂固化。本实验使用的固化剂与树脂采用 1:4 的比例进行配比。

(4)夹芯泡沫:为了保证外形,此次机翼的制作,除了使用模具,还需要夹芯泡沫来撑起外形,同时夹芯泡沫能够承受一定的外力,防止蒙皮局部出现失稳。

(5)模具的设计与制造:模具是保证最终产品外形以及模型表面质量好坏的平台,还在一定程度上决定了制件的含胶量,从而影响到制件的具体性能表现。使用合适的模具是保证机翼模型性能好坏的关键。由于模型的外形是上下、左右对称的,而且需要保证上下两个面的表面质量,所以选择上下对称的模具构造。模具下模实物如图 58 - 3 所示。

图 58 - 3　模具下模实物图

(6)工具的准备:由于制件的体积比较小,所以需要手工铺设纤维织物。除了常用的扳手、电动剪刀等,还需要定位喷胶以及辊轮来进行纤维织物的铺设。

2)制作阶段

制作阶段的主要工作包括泡沫打磨、纤维布铺设、合模、树脂注入、加热固化、冷却脱模等。根据以往 RTM 实物的制作经验,此次模型的制作由于模型较小,只能使用人工进行材料的铺覆,精度比较难以保证,操作难度也比较大。具体的制作工艺如下。

(1)泡沫打磨:按照机翼内型腔的最大外形进行泡沫芯模的打磨,泡沫打磨后效果如图 58-4 所示。

图 58-4　泡沫实物图

(2)纤维布铺设:按照既定的方案在泡沫上进行各区域纤维布的切割以及铺设,并在其中穿插真空压实过程。此操作使得各纤维布之间接触更加紧密,有利于提升制件质量。铺设过程如图 58-5 所示。

图 58-5　纤维布铺设过程示意图

(3)合模:将铺设好纤维布的制件放置于模具中,然后闭合磨具,拧紧螺栓,0.2 mm 的塞规不能进入连接的缝隙,即可视为密闭性良好,否则会出现漏胶的现象,导致前功尽弃。

(4)树脂注入和加热固化:树脂注入过程如图 58-6 所示,一般注胶过程持续 2～3 h。时间过短会导致注胶不均匀,内部留有气泡。注胶时间过长,树脂黏度上升,注胶速度变慢,注胶效率极低。因此,要在 2 h 左右完成注胶,再排气泡 1 h 左右后放进烘箱进行加热固化。

图 58-6　树脂注入过程图

(5)冷却脱模:将固化冷却好的制件从模具中取出来。该步骤操作相对简单,注意不要操作过度损伤制件。

(6)修形阶段:脱模出来的制件在某些区域的尺寸不一定完全符合图纸要求,所以需要人工进行测量和打磨,以保证表面质量和尺寸符合要求。而且,由于操作原因,制件会出现不同的缺陷,需要想办法解决这些缺陷或者尽量弥补缺陷。最终成型件如图 58-7 所示。

图 58-7　超轻复合材料机翼模型

实验 59　酸酐类/环氧树脂基 CFRP 复合材料平板件回收实验

1. 实验目的和原理

1)目的

掌握酸酐类/环氧树脂基 CFRP 复合材料平板件回收的方法。

2)原理

在 CFRP 复合材料中,环氧树脂是目前使用最广泛的碳纤维聚合物基体,与环氧树脂一起使用的固化剂(也称为硬化剂)除了最常用的胺类,还有酰胺类、酸酐类。在实验中,对选用的 CFRP 复合材料的树脂基体固化成型机理进行了研究和确定,即酸酐固化环氧树脂机理。实验选用的树脂及相应的固化剂类型见表 59-1,相应的分子结构式和固化后的高分子聚合物结构如图 59-1 所示。

表 59-1　聚合物基体类型的具体组成成分

聚合物类型	树脂基体	固化剂	生产厂商
酸酐体系	双酚 A 型环氧树脂(E51,环氧值 0.51,环氧当量 192)	甲基四氢邻苯二甲酸(MeTHPA);2-乙基-4-甲基咪唑(EMI-2,4)	大连齐化化工有限公司

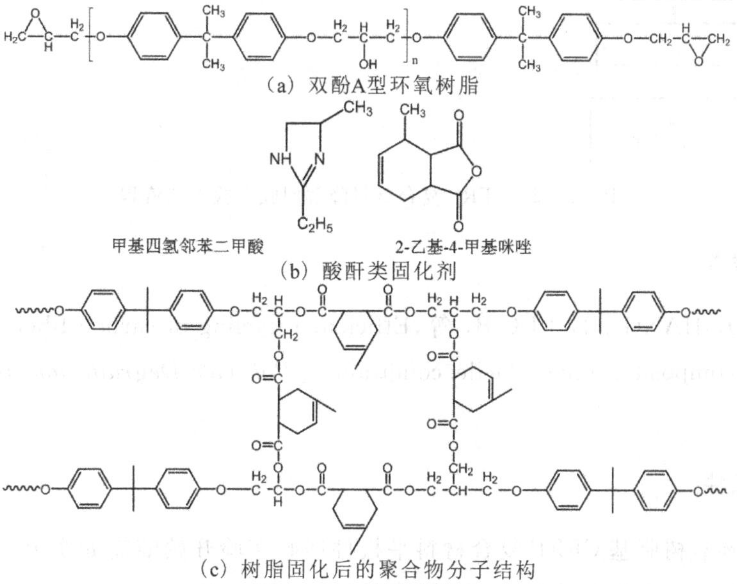

（a）双酚A型环氧树脂

甲基四氢邻苯二甲酸　　2-乙基-4-甲基咪唑
（b）酸酐类固化剂

（c）树脂固化后的聚合物分子结构
图 59-1　分子结构图

本实验采用碱金属氢氧化物中的氢氧化钾（KOH）为催化剂，将其添加到单乙醇胺溶剂（MEA）中组成一种双元碱溶剂体系，用来在常压条件下分解 CFRP 复合材料的树脂基体，进而回收高价值的碳纤维。采用控制变量的研究方法，对 CFRP 复合材料层合板试样进行分解回收，系统地研究反应温度、反应时间和添加碱催化剂（KOH）对复合材料层合板降解率的影响。在实验结束后，收集液体产物（降解溶液）和干燥的固体产物（碳纤维），对回收的碳纤维进行物化特性表征，以验证回收方案的合理性，同时对降解溶液进行测试分析，以推测化学反应机理。此外，对干燥回收后的碳纤维进行称重，按照下式计算 CFRP 复合材料的降解率：

$$\eta = \frac{m_1 - m_2}{m_1 \times m_c} \tag{59-1}$$

式中：η 为 CFRP 复合材料的降解率；m_1 为实验前 CFRP 复合材料层合板试样的质量；m_2 为干燥回收后碳纤维的质量；m_c 为 CFRP 复合材料层合板试样中环氧树脂基体的质量分数。

基于对实验过程的分析，设计降解回收实验工艺流程，如图 59-2 所示。

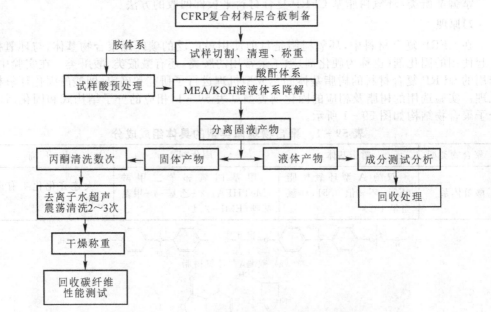

图 59-2 CFRP 复合材料降解回收实验工艺流程

2. 测试参考

ZHAO Q, JIANG J J, LI C B, 等, Efficient recycling of carbon fibers from amine-cured CFRP composites under facile condition. [*Polymer Degradation and Stability*, 2020(9)].

3. 实验条件

酸酐类/环氧树脂基 CFRP 复合材料平板件回收实验开始前需如实填写实验记录，主要将实验时间、实验操作人员及实验条件填写在表 59-1 中。

表 59 - 1　酸酐类/环氧树脂基 CFRP 复合材料平板件回收实验记录表

实验时间	
实验内容	酸酐类/环氧树脂基 CFRP 复合材料平板件回收实验
实验环境	温度：　　℃;湿度：　　%
实验仪器及设备	RTM 成型设备、降解实验反应装置、磁力搅拌电热套、水切割机、SEM 扫描电镜、小型离子溅射仪、AFM 原子力显微镜、动态接触角测量仪、X 射线光电子能谱仪、傅里叶变换红外光谱仪、气质联用仪、纤维强度仪、分析天平、热分析仪、电子万能试验机、干燥箱等
实验所需材料	T700 碳纤维、双酚 A 型环氧树脂(E51,环氧值 0.51,环氧当量 192)、甲基四氢邻苯二甲酸(MeTHPA)、2-乙基-4-甲基咪唑(EMI-2,4)、冰乙酸、氢氧化钾、单乙醇胺、去离子水、丙酮
实验操作人	

由于本实验受实验容器大小的限制,需要将 CFRP 复合材料层合板切割成尺寸约 35 mm×15 mm×3 mm 的试样。实验采用水切割机对 CFRP 复合材料层合板进行合理的切割,确保试样大小一致及切口平整、无毛刺等。切割试样如图 59 - 3 所示。

图 59 - 3　切割的 CFRP 试样

实验反应装置为自制,如图 59 - 4 所示,由水循环、橡胶管、蛇形冷凝管、圆底三口烧瓶及数控显示磁力搅拌加热套组装而成。实验反应温度由加热套来控制调节,实验在常压条件下进行。

图 59 - 4　实验反应装置

4. 实验步骤

(1)将试样放入适量的 MEA 和 KOH 的混合溶液中,KOH 的浓度后续确定。由参考文献可知,当温度到达 180℃时,MEA 在 3.5 h 后可有效分解酸酐固化环氧树脂基体,而添加催化剂能有效地降低反应所需的活化能,降低反应温度。因此,检查完实验装置后,打开加热套磁力搅拌转子并升温至 170℃反应一段时间(3.5 h),每隔 30 min 做记录。

(2)实验结束后,每降低 10℃重复上面实验步骤,以保证醇胺溶液可以有效分解树脂基体为标准,得到一组最佳的工艺参数。

(3)基于只有醇胺溶液的最佳降解工艺参数,开始添加不同浓度的 KOH 催化剂,从 0.1 mol/L 开始添加,每次增加 0.1 mol/L,得到最佳的最终工艺参数。

(4)待反应装置冷却至室温后,分离固液相产物。对提取出的碳纤维先后用丙酮、去离子水清洗数次后,放入 100℃的干燥箱中烘干 10 h。最后,取出回收后的碳纤维,称取其质量,求降解率,并测试其一系列的物化特性。

(5)对液相产物进行成分分析测试,以推测分析实验降解反应机理,并研究降解溶液产物的再次利用。

(6)将降解溶液直接与原始环氧树脂按一定比例固化,制成新的树脂材料板,进行力学性能测试。

5. 注意事项

(1)酸酐固化的双酚 A 二缩水甘油醚(DGEBA)环氧树脂是 CFRP 和电子包装中应用最广的工业热固性材料之一。考虑到本实验采用的甲基四氢邻苯二甲酸固化环氧树脂基体是鉴于酸酐类固化环氧树脂这一大类体系提出的一种典型代表,采用这种体系固化的碳纤维复合材料是否具有好的力学性能,能否在实际中得到广泛应用还有待探索。

(2)通过水切割将层合板切割成合适尺寸的实验试样时,应确保实验试样具有均一的尺寸,保证实验的准确性。

(3)CFRP 复合材料降解回收的主要产物为碳纤维和降解溶液,因此,对于回收产物的碳纤维增强体的物化性能和降解溶液的成分,还可以进行进一步分析。

6. 实验结果

(1)为了确定 CFRP 复合材料最佳的降解温度,首先研究了催化剂浓度对环氧树脂基体分解率的影响。实验采用单一控制变量方法,控制反应温度为 160～165℃,反应时间为 60 min,改变催化剂浓度。浓度范围为 0～0.7 mol/L,间隔为 0.1 mol/L。每个浓度做三组平行实验,记录数据并绘制环氧树脂基体降解率-催化剂浓度曲线图。

(2)同样采用控制变量的方法研究反应温度对环氧树脂基体降解率的影响,控制反应时间为 60 min,催化剂浓度为 0.5 mol/L,改变反应温度。温度范围为 120～170℃,间隔温度为 10℃,经过大量的实验和数据分析后,绘制了反应温度对环氧树脂降解率影响的曲线图。

(3)采用同样的研究方法,控制反应温度为 160～165℃,催化剂浓度为 0.5 mol/L,改变反应时间。时间范围为 15～75 min,间隔时间为 15 min。根据实验数据,得到反应时间变化对环氧树脂降解率影响的曲线图。

附　录

附录 A　黏度计参数选择

附表 A-1　测定常用不饱和聚酯树脂黏度时转筒(子)及转速的选用参数

黏度/ (Pa·s)	NDJ-8S 型旋转式黏度计		NDJ-1 型旋转式黏度计		NDJ-2 型旋转式黏度计	
	转筒(子)	转速/ (r·min^{-1})	转筒(子)	转速/ (r·min^{-1})	转筒(子)	转速/ (r·min^{-1})
0.2~0.5	2 号	30	2 号	30	DN$_a$	11.5
0.6~0.9	2 号	12	2 号	12	DN$_a$	4.35
1~2	2 号	12	2 号	12	DN$_a$	11.5
2.1~4.0	2 号	6	2 号	6	DN$_a$	4.35

附表 A-2　NDJ-8S 型旋转式黏度计量程

转子编号	黏度上限/(mPa·s)			
	转速为 60 r/min	转速为 30 r/min	转速为 12 r/min	转速为 6 r/min
0	10	20	50	100
1	100	200	500	1000
2	500	1 000	2 500	5 000
3	2 000	4 000	10 000	20 000
4	10 000	20 000	50 000	100 000

附录 B　标准氢氧化钾溶液浓度的校验

1. 概述

本附录建议采用一种校验标准氢氧化钾浓度的常规方法确保其不含碳酸盐。

如果所测得的浓度与其起始浓度相同,那么该氢氧化钾溶液可用于酸值的测定。

如果所测得的浓度与其起始浓度的差异大于 2%,那么该氢氧化钾溶液应丢弃或者在计算酸值时考虑其精确的浓度。

2. 试剂与仪器

试剂有去离子水、邻苯二甲酸氢钾。仪器有分析天平、滴定管、锥形瓶。

3. 操作步骤

在 250 mL 锥形瓶内称取约 700 mg 邻苯二甲酸氢钾（精确到 0.1 mg），将其溶解在 50 mL 的水中。加入至少 5 滴溴百里香酚蓝。使用 50 mL 滴定管用氢氧化钾溶液滴定至终点（颜色保持蓝色 20～30 s）。记录所有 KOH 溶液的体积 V。

4. 浓度计算

计算氢氧化钾乙醇溶液的浓度 $c(\text{mol/L})$：

$$c = \frac{m}{VM}$$

式中：m 为邻苯二甲酸氢钾的质量（mg）；V 为氢氧化钾溶液的体积（mL）；M 为邻苯二甲酸氢钾的摩尔质量，其值为 204.23 g/mol。

附录 C　树脂浇铸体试样制备及处理方法

1. 试样制备

1.1 模具

1.1.1 平板浇铸模

1)材料

(1)模板为平整光滑的玻璃板或钢板，其大小根据所需试样面积和模框面积而定。

(2)脱模剂或脱模薄膜采用脱模蜡、玻璃纸。

(3)将金属丝穿在橡胶软管中，做成与模板尺寸吻合的 U 形模框。

(4)控制厚度的塞片，以浇铸板厚度而定。

(5)弓形夹。

2)模具制作

在两块事先涂有脱模剂或覆盖脱模薄膜的模板之间夹入 U 形模框，U 形的开口处为浇铸口，U 形模框事先涂有脱模剂或覆盖玻璃纸，用弓形夹将模板与 U 形模框夹紧，两块模板之间的距离用塞片来控制。

1.1.2 试样浇铸模

根据标准试样尺寸，用钢材或硅橡胶制作试样模具，模腔尺寸设计要考虑树脂收缩率。

1.2 配料、浇铸

(1)按预定的固化系统配料，并将各组分搅拌均匀。

(2)浇铸在室温 15～30℃、相对湿度小于 75% 的条件下进行，沿浇铸口紧贴模板倒入树脂液，在整个操作过程中要尽量避免产生气泡。如气泡较多，可采用真空脱泡或振动法脱泡。

1.3 固化

(1)常温固化：浇铸后模子在室温下放置 24～48 h 后脱模，然后敞开放在一个平面上，在室温或标准环境温度下放置 504 h（包括试样加工时间）。

（2）常温加热固化：浇铸模在室温下放置 24 h 后脱模，继续加热固化，从室温逐渐升至树脂热变形温度，恒温时间按树脂性能经实验确定。

（3）热固化：固化温度和时间根据树脂固化剂或催化剂的类型而定。

1.4 试样加工

（1）用划线工具在浇铸平板上按试样尺寸划好加工线，取样必须避开气泡、裂纹、凹坑、应力集中区。

（2）用机械加工试样，加工时要防止试样表面产生损伤和划痕等缺陷。

（3）加工粗糙面需用细锉或砂纸进行精磨，缺口处尺寸用专用样板检测。

（4）加工时可用水冷却，加工后及时进行干燥处理。

1.5 内应力检查

在测试浇铸体前，用偏振光对内应力进行测试。如有内应力，应予以消除。

1.6 消除内应力的方法

1.6.1 油浴法

将试样平稳地放置于盛有油的容器中，且使试样整个浸入油中，并将浸入试样的容器放入烘箱内，使箱内温度 1 h 内由室温升至树脂玻璃化温度，恒温 3 h 后关闭电源，待烘箱自然冷却至室温后，将试样从油浴中取出，进行内应力观察。

油浴用油应对试样不起化学作用、不溶胀、不溶解、不吸收。

1.6.2 空气浴法

将试样置于有鼓风装置的干燥箱中，处理温度和时间与油浴相同。

2.试样外观检查和数量

（1）实验前，试样需经严格检查，试样应平整、光滑，无气泡，无裂纹，无明显杂质和加工损伤等缺陷。

（2）每组有效试样不少于 5 个。

3.试样状态调节

（1）实验前，试样应在标准环境条件下至少放置 24 h，状态调节后的试样应在与状态调节相同的标准环境下实验（另有规定时按相关规定）。

（2）若不具备实验室标准环境条件，实验前试样可在干燥器内至少放置 24 h。

4.试样测量精度

（1）试样工作区间的测量精确到 0.01 mm。

（2）试样其他值的测量精度，应满足相应实验方法的规定。

5.实验设备

（1）实验设备载荷误差不超过±1%，实验设备量程的选择应使试样破坏载荷在满量程的 10%～90%范围内（尽量落在满量程的一边）且不小于实验设备满量程的 4%（电子式拉力试验设备按有关规定执行）。

（2）测量变形仪表误差不应超过±1 mm。

（3）实验设备能获得实验方法标准规定的恒定的实验速度，速度误差不超过 1 mm/min。

（4）实验设备应定期经国家计量部门检定并在有效检定周期内使用。

参 考 文 献

[1] 欧阳国恩. 复合材料实验指导书[M]. 武汉：武汉工业大学出版社，1997.

[2] 惠特尼，派卜斯. 纤维增强复合材料实验力学[M]. 北京：科学出版社，1990.

[3] 欧阳国恩，欧国荣. 复合材料试验技术[M]. 武汉：武汉工业大学出版社，1993.

[4] 王山根，潘泽民，邵毓俊，等. 先进复合材料力学性能与实验技术[M]. 北京：光明日报出版社，1987.

[5] 张娜，王晓瑞，张骋编. 复合材料实验[M]. 上海：上海交通大学出版社 2020.

[6] 益小苏，杜善义，张立同. 复合材料手册[M]. 北京：化学工业出版社，2009.

[7] 沈观林，胡更开. 复合材料力学[M]. 北京：清华大学出版社，2006.

[8] 闻荻江. 复合材料原理[M]. 武汉：武汉工业大学出版社，1998.

[9] 霍斯金，贝克. 复合材料原理及其应用[M]. 北京：科学出版社，1992.

[10] 刘昊. 复合材料的损伤与失效[J]. 国外科技新书评介，2012(11)：17-18.

[11] 蒋建军，苏洋，陈星，等. 一种纤维织物面内渗透率的测量方法及测量系统：CN106872333A[P]. 2017-06-20.

[12] 蒋建军，苏洋，周林超，等. 一种纤维织物厚向稳态渗透率的测量方法及测量系统：CN105954169A[P]. 2016-09-21.

[13] 李宏福，张博明. 纤维增强复合材料界面层厚度表征方法[C]// 第十五届中国科协年会第17分会场：复合材料与节能减排研讨会论文集. 贵阳：中国科学技术协会，2013.

[14] GAO S L，MÄ DER E. Characterization of interface nanoscale property variations in glass fiber einforced polypropylene and epoxy resin composites[J]. Composites：Part A，2002，33：559-576.

[15] 乔月月，袁剑民，费又庆. 微滴包埋拉出法测定复合材料界面剪切强度的影响因素分析[J]. 材料工程，2016，44(7)：88-92.

[16] 朱楠，彭德功，李军，等. 复合材料模压成型工艺研究[J]. 纤维复合材料，2020，37(2)：33-35.

[17] 蔡烨梦，孙树凯. 玻璃纤维预浸料制备板簧模压成型工艺研究[J]. 合成纤维工业，2018，41(6)：31-35.

[18] 胡章平. 长玻璃纤维增强聚丙烯复合材料模压成型工艺研究[D]. 长沙：湖南大学，2015.

[19] 刘雄亚，翁睿. 冲压成型热塑性复合材料制品的工艺研究[C]//. 中国硅酸盐学会玻璃钢分会. 第十一届玻璃钢/复合材料学术年会论文集. 北京：中国硅酸盐学会玻璃钢分会，1995：4.

[20] 韩宾,王宏,于杨惠文,等.碳纤维增强热塑性复合材料盒形件热冲压成型研究[J].航空制造技术,2017(16):40-45.

[21] 曾铮,郭兵兵,孙天舒,等.连续玻纤增强聚丙烯混纤纱织物层压成型工艺研究[J].玻璃钢/复合材料,2018(1):79-84.

[22] 苏鹏,崔文峰.先进复合材料热压罐成型技术[J].现代制造技术与装备,2016(11):165-166.

[23] 李艳霞,顾轶卓,李敏.复合材料热压罐成型工艺实验教学探讨[J].实验室研究与探索,2015,34(5):186-188,223.

[24] 张婷,贺辛亥,郭志昂,等.真空灌注成型条件及应用研究[J].上海纺织科技,2019(4):43-45.

[25] 崔辛,刘钧,肖加余,等.真空导入模塑成型工艺的研究进展[J].材料导报,2013(17):17-21.

[26] 徐乾倬,时卓,鲁振宏,等.RTM工艺优化及制备碳纤维复合材料的力学性能[J].沈阳理工大学学报,2020,39(6):4.

[27] 北京航空航天大学.一种连续纤维复合材料注塑成型工艺:CN202110085672.7[P].2021-06-08.

[28] 明越科,王奔,周晋,辛志博,等.基于3D打印的连续纤维增强热固性复合材料性能及其应用探索[J].航空制造技术,2021,64(15):58-65.

[29] ZHAO Q, JIANG J J, LI C B, et al. Efficient recycling of carbon fibers from amine-cured CFRP composites under facile condition [J]. Polymer Degradation and Stability, 2020, 179(9):109268.